Osprey Military New Vanguard
オスプレイ・ミリタリー・シリーズ

世界の戦車イラストレイテッド
**28**

# Sd.Kfz.251ハーフトラック
# 1939-1945

[共著]
ブルース・カルバー

[カラー・イラスト]
ジム・ラウリー

[訳者]
山野治夫

## Sd.Kfz.251 Half Track
## 1939-1945

Text by
Bruce Culver

Colour Plates by
Jim Laurier

大日本絵画

# 目次 contents

**3** 設計および開発
design and development

**10** バリエーション
variants

**24** 訓練および編成
training and organisation

**34** 戦術：攻撃
tactics:assault

**38** 戦術：防御
tactics:defence

**42** 運用性
serviceability

**25** カラー・イラスト
**46** カラー・イラスト解説

◎著者紹介

ブルース・カルバー　Bruce Culver
1940年生まれ。長年にわたってプロの医療イラストレーターを勤める一方、第二次世界大戦の装甲車両とカラースキムの歴史についての興味を追求し続けた。IPMSアメリカの現役会員であり、おそらく彼の高く評価されている書籍、パンツァーカラーズおよびパンツァーカラーズ2は広く知られていることであろう。現在ボート社のテクニカルライターである。妻と二人の子供とともにテキサス州在住。

ジム・ラウリー　Jim Laurier
ニューハンプシャー州生まれ。1978年にコネチカット州のパイアー美術学校を優秀な成績で卒業する。以来フリーのイラストレーターを続け、伝統的なあるいはデジタル技術を用い、広範な分野で業績を上げる。航空および陸上双方の軍事ものに特別な興味を持ち、アメリカ航空アート協会、ニューヨーク・イラストレーター協会、アメリカ戦闘機エース協会特別会員。彼の作品は世界中で出版されているが、本書はオスプレイシリーズで最初の作品である。

# Sd.Kfz.251ハーフトラック1939-1945
Sd.Kfz.251 Half-Track 1939-1945

design and development

## 設計および開発

　近代戦争における戦闘では、戦車の近接支援と、敵の対戦車チームからの防御など、戦車を効率的に運用するため、歩兵部隊が戦車とともに行動できるような戦闘車両が生み出された。近代的な戦車支援装甲歩兵部隊は長い時間をかけて進化したが、突撃する戦車に随行する機甲歩兵が初めて大規模に使用されたのは第二次世界大戦中のことであった。

　第一次世界大戦の終わり近くに、かなり大規模な戦車戦が西部戦線のいくつかの場所で生起した。おそらくもっとも良く知られているのが、カンブレイであろう[訳注1]。イギリス軍のMkⅠ-Ⅳ[訳注2]やドイツ軍のA7V[訳注3]のような初期の戦車は、巨大なうえに鈍足で信頼性に欠け、しばしば役に立たなかった。それにもかかわらず連合国軍、同盟国軍双方にいた先見性のある多くの前線士官は、この初歩的な戦闘機械を地上戦の様相を完全に変えるものと考えた。

　これら若い士官のほとんどは穴にこもった軍事的権威からは無視されたが、彼らは正

訳注1：1917年11月、イギリス軍によるカンブレイを目指す攻勢で、イギリス軍は381両もの大量の戦車を集中的に投入した。その結果、イギリス軍はドイツ軍戦線の突破に成功し、戦車の大規模攻撃が非常に効果的であることを示した。ただし、ドイツ軍の頑強な抵抗で、最終的に戦線自体はほとんど旧に復してしまった。

訳注2：世界最初の戦車として知られる。その外形から菱形戦車と呼ばれ、戦車のシンボルマークともなっている。頑迷なイギリス戦時国防局は開発に乗り気でなく、チャーチル海軍大臣の主導で開発されたというおもしろい経緯を持つ。原型のマザーは1916年1月に高官の前で初試走に成功し、量産型MkⅠが発注され、その後、改良型MkⅡ-Ⅴが生産された。菱形戦車は超壕能力を増すために車体全体を取り巻いて配置された履帯と左右のスポンソンに武装を搭載しているのが特徴である。武装に6ポンド砲を搭載した雄型と機関銃のみを搭載した雌型があった。また戦車車体を流用した装甲兵員輸送車もすでに開発されている。

訳注3：ドイツ戦時省も戦車に関心がなかったわけではないが、その開発姿勢はイギリス戦時国防局と似たり寄ったりで、戦車を製造する計画が正式に開始されたのは、イギリス軍の菱形戦車が戦場に現れてからであった。この車体は戦時省運輸担当第7課の頭文字をとってA7Vと名付けられた。車体は履帯式のホルト牽引車の上に巨大な装甲箱を載せたもので、前後左右に砲、機関銃を装備していた。しかし生産能力や資材の不足で少数生産に終わった。

Sd.Kfz.251 A型ハーフトラック。1940年フランス。手前の車体のこちら側の泥よけには、原写真では、白の「箱」の上に第1戦車師団の白の柏葉と、第1狙撃連隊第10中隊の「10」の戦術マークが視認できた。本車はこの段階ではわずか300両が生産されただけで、前線ではごくわずかしか使用できなかった。防盾が装備されていないMG34の防護のために、多数の土嚢が搭載されていることに注目。
(US National Archives、特記なき限り本書のすべての写真の出典である)

しかったのである。第二次世界大戦が、完全に第一次世界大戦と異なるものとなった2つの大きな理由こそ、軍用航空機と近代的な機動性の高い戦車の発達であった。これによって戦争は、急速な機動と、集中した機甲部隊の突撃によって決せられることになったが、これは戦車が可能にしたものである。

　第一次世界大戦では戦車部隊に随伴する支援歩兵を輸送するために、戦車が転用された。しかしこれは間に合わせの戦術で、暑い鉄の箱に押し込められた歩兵にできることはほとんどなかった。1918年以降の連合国軍の戦車開発は全般的に遅々たるものであった。おおくの場合わずかな予算しかなかったために、各種の戦車の設計はプロトタイプ段階より進まなかった。このツケは後で支払うことになり、そのときにはほとんど使用できる戦車はない事態を招いた。

　運用された戦車は歩兵支援に用いられた。このため1920年代の戦車のもっとも一般的な形態は、歩兵の歩く速度で歩兵を伴いながら、敵の防御砲火を制圧しつつ前進するようなもので、このような意図から一般的に最高速度は時速10から12マイル（16〜19.2km／h）であった。偵察や捜索に適した軽戦車は、一般に騎兵部隊に配備されていたが、突破するために用いるにはあまりに軽装甲、軽武装であった。こうした混沌とした状況では、限定された特殊な用途の車両である歩兵用の装甲車両を供給するために、たいして力が入れられなかったことは驚くようなことではない。

　1918年に敗北したことで、ドイツは参謀本部の保守主義に打ち勝つことがより容易となり、1920年代と1930年代初めに、戦車と装甲車を開発する数多くの実験が試みられた。より重要なのは、ドイツの機甲戦術が大きく進展して、完全に新しい戦争の概念を作り出したことである。イギリスが「ブリッツ・クリーク」という言葉を作り出した[訳注4]の

訳注4：世界最初に戦車を生み出した国、イギリスは、機甲戦術の面でも先進国であった。機甲戦理論の第一人者といえるのはJ.F.C.フラー大佐で、現代に至る機甲戦術の基礎といえる「計画1919」を著した。

同じ中隊のA型指揮車両。この初期段階での戦術マークが機甲戦歩兵ではなく自動車化歩兵となっていることに注目。本車で改修されている操縦手席上の拡大された架台は、地図を広げるためのものである。

だが、「ライトニング・ウォー」(電撃戦)——機動戦——は、しばしばハインツ・グデーリアン[訳注5]のような士官が提唱したように、集中し協調した機甲部隊の突破として記述されがちである。

1933年のヒットラーの政権獲得とそれに続くヴェルサイユ条約[訳注6]の拒絶によって、ドイツは公に再軍備に邁進した。初期の軽戦車、I号戦車とII号戦車は、ただ軽偵察車両として意図したものであったが、II号戦車は軽防護の地点に対する限定的な攻撃任務も付与されていた。いっぽうでIII号戦車とIV号戦車は、初めから攻撃時の主要装甲車両として使用することが意図されていた。

この時点、1936～37年には、機甲歩兵用の特殊車両のコンセプトは、より具体的なものとなっていた。スペイン内戦によって重要な戦訓が示されたが、とりわけ中でも、狭隘な地域——市街地、山岳地、森林等々——では、戦車が敵の対戦車火器に脆弱で、そうした状況下では、歩兵による支援と防御をとくに必要とすることが分かった。

グデーリアンは、支援する歩兵を戦場まで輸送し、必要ならば移動しながら車上から戦闘し、あるいは下車して徒歩で敵と戦闘できるようデザインされた特殊な車両の開発提案を行った。こうした車両には高い最高速度と良好な不整地走行能力を必要とし、そして適当な数を生産できるだけ安価でなければならなかった。

ドイツはすでに各種の特殊軍用車両を生産しており、要求に照らして検討が行われた。全装軌車両は、複雑すぎ、高価で当時生産能力を欠いていたため却下された。装輪車両は、不整地走行能力が不十分なため却下された。検討は当時生産されていた、いくつかのタイプのハーフトラック式砲兵牽引車に収束していった。これらの中で、10名の小隊(グルッペ)と彼らの装備を輸送するのにもっとも適していたのは、ハノマーグによっ

訳注5:グデーリアンは、ドイツ軍機甲部隊運用の第一人者で1920年代後半より機甲戦闘の研究を開始する。ポーランド、フランス、ロシアと戦車部隊を指揮し、その才能を発揮したが、モスクワ攻略作戦の失敗の後、ヒットラーと対立して解任された。その後1943年に機甲部隊総監に復帰し、大戦末期のドイツ軍機甲部隊の戦力維持に腐心した。

訳注6:ヴェルサイユ条約は第一次世界大戦を終結させるため、ドイツと連合諸国との間に、1919年にフランスのパリ近郊ヴェルサイユで結ばれた講和条約である。その内容はあまりに苛酷で、戦争責任をすべてドイツに負わせ、領土の割譲、植民地の放棄、巨額の賠償金、軍備の制限等を課しており、後にヒットラー台頭の原因ともなったといわれる。

A型で機関銃防盾が後付けされているが、元の無線アンテナは泥よけ上に保持されている。手前側の泥よけ上の車体番号は、戦争の初期にはよく見られるものであった。フランスで川を渡ったばかりをとらえた写真である。

て開発された[訳注7] Sd.Kfz.11 3t砲兵牽引車であった。開発の結果、新型の「中型装甲兵員輸送車(ミッテレーラー・ゲパンツァーター・マンシャフトトランスポルトヴァーゲン＝MTW)」が、Sd.Kfz.251A型として制式化された。

### 詳解
description

　新型車両の開発は、Sd.Kfz.11車台に、いくつかの変更しか必要としない容易なものとなった。ハノマーグ車台のフレーム上にビューシングNAG社の設計した、新型装甲を施された上部構造物を乗せ、装甲板の底板を車台フレームの下部にボルト止めにし、運転のための主要な車台変更点は、ベベルギアーボックスを介してステアリングギアシャフトを操舵するために傾斜したハンドルを使用していることであった。またラジエーター装置は装甲された先端部分に収容された。

　前輪軸は駆動されておらず、エンジンと先端部の装甲板の重量を支える働きをしているだけである。前輪軸には2個のプレス鋼板の車輪が取り付けられており、横置きの多層リーフ・スプリングに懸架され、車台には「A」フレーム型をした2本の延長軸で保持されており、その先端は車台にヒンジ止めされている。2つの制限板によって、車体が壕やその他の障害物を越えるときに、前輪軸が落ち込むのを押さえている。

　エンジンはイバッハHL42 6気筒水冷直列ガソリンエンジン排気量4.17リッターで出力は100馬力2800回転である。動力伝達機構は前進4段後進1段のハノマーグ021 32 785 U50トランスミッションに、2速のトランスファーケースが取り付けられており、都合、前進8段後進2段が発揮できる。

251／4は軽砲、すなわち3.7cmPaK36（対戦車砲）、7.5cm leIG（軽歩兵砲）や10.5cm leFH18（軽野砲）の牽引車両である。この251／4 A型は～左後部車体隅の「箱に入った」第1戦車師団のマークに注目～10.5cm榴弾砲を牽引している。本車は初期の腕木式の前面MGマウントのままである。

訳注7：正しくは原型を開発したのはハンザ・ロイド社である。10.5cm軽野戦榴弾砲クラスの火砲を牽引するために開発した車両で、その後ハノマーグ社で大量生産されている。その生産数は41,000両に上り、第二次世界大戦中にドイツで生産されたハーフトラックのなかで最大の生産数を記録した。

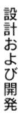

※1：ヴァンガード・シリーズの「第二次世界大戦中のアメリカ軍ハーフトラック」（未刊行）では、これについて対照的な見解が示されている。

251／6指揮通信ハーフトラック。高級指揮官用に本車には通常の無線機とともに「エニグマ」暗号装置が装備されている。このため大型のフレームアンテナが装備されている。この251／6は、1940年、フランスで第XIX戦車軍団を指揮したグデーリアン将軍のものである。原写真では通信部隊の戦術マークとその下右、（向かって）右側泥よけの白の「G」を確認できた。エンジンデッキのアクセスハッチ上には、幅広の白帯の対空識別帯が見える。そしてその前には白の「機動」スワスチカ（鉤十字）が、ちょうどラジエーターグリルに接している。「パンツァーグレイ」塗装スキム上には、各車体側面最前部のバルケンクロイツ（鉄十字）以外には何のマーキングも施されていない。

コストの過大と複雑さによって全装軌車両が却下されたのであるが、履帯の長い接地長によって戦車タイプの操向最終減速機が必要になった。浅い旋回角ではハンドルは前輪だけを曲がらせる。15度を越える旋回角では最終減速システムのクラッチ・ブレーキ式操向システムが作動し、旋回する側の履帯の速度を低下させ、外側の履帯を全速で回転させる。これは複雑としてアメリカ軍のホワイトM2／3ハーフトラックでは避けられたもので、同車には接地長の短い履帯と通常のトラックタイプのディファレンシャル推進軸が持たせられてた。ドイツの装甲兵員輸送車の不整地走行能力はすばらしく、普通はシンプルなアメリカタイプより優れている。※1

走行装置の主な設計は、Sd.Kfz.11砲兵牽引車と同一である。各側には鋳造および溶接の構造起動輪があり、ゴム縁付きで履帯をつかみローラーでガイドの歯と合致して履帯を推進する。7組の挟み込み式プレス鋼製転輪で走行装置は構成される。ゴムタイヤ付き転輪の各組は、トーションバー延長軸に取り付けられている。左側の転輪は右側の転輪より4インチ下がっているが、これはトーションバーが車台の床を重なり合って横切っており、位置をずらす必要があるからである。Sd.Kfz.11車台でユニークなのは、両側の後部転輪もまた位置がずらされていることで、これは3t車台の後軸がトーションバーで縣架されていたからである。右側の履帯履板は55枚だが、左側の履板は56枚であった。

履帯の各履板はマンガン鉄合金のスケルトン型鋳造製である。突き出したパッド上には、ゴムブロックが取り付けられており、起動輪のローラーともかみ合うガイドの歯が内側に突き出している。履板は低摩擦のニードルベアリングと鉄製ピンで結合されている。これは戦車に使用されているドライピン履帯よりもメインテナンスを必要としたが、ニードルベアリングによって新型装甲兵員輸送車両に戦車と随伴できる良好な不整地機動

力を与えることに必要な履帯速度を得ることができた。各履板には潤滑用フィッティングが装備されていた。

装甲上構は装甲板の溶接構造で、ふたつの部分が操縦手と車長席のすぐ後ろで、ボルトで結合されていた。前方部分はエンジンと動力伝達装置そして操縦手と車長を防護していた。先端前面板は14.5mm厚で、側面およびエンジンデッキの装甲板は9mmおよび10mm厚であった。

ラジエーター用の吸気口として、前方部分のエンジンデッキ前部にグリルが設けられていた。エンジンデッキには大型の2枚開きハッチがあり、そこからエンジンとラジエーターの整備をすることができた。前方泥よけ上の上部側面板には、追加の冷却用フラップが装備され、先端前面板の下部にも、三番目の冷却用フラップがある。

車両乗員は、8mm厚の前面および側面装甲板、そして天井は8mmの装甲板で防護されている。前部座席下の床板は取り外しが可能で、バッテリーおよび車台を整備することができた。トランスミッションと最終減速機は床下に密閉された。前方座席には原型となったSd.Kfz.11の座席に詰め物入りのクッションが取り付けられた。また背もたれにはシングルのサポートフレームに取り外し式のクッションが取り付けられている。

前方隔壁には操縦手用装置、すなわち、操行ハンドル、クラッチ、ブレーキおよびアクセルペダル、トランスミッションおよびトランスファーケースレバー、パーキングブレーキレバー、操縦計器がある。右側の車長席の前面には、救急装備のコンテナが取り付けられている。フンクスプレヒゲラート「F」無線通話装置は右前方座席の上、後方の側面壁面に取り付けられている。これは少々不便であり、つまみを操作するには座席で身をよじらなければならない。

前面および側面の展望孔によって、乗員は防護された状態で外を見ることができた。砲火が予想される地域では、防護のためにビジョンブロックと呼ばれる厚い防弾ガラスをそこに取り付けた状態にすることもできる。前線地域では展望孔を防護する装甲板を

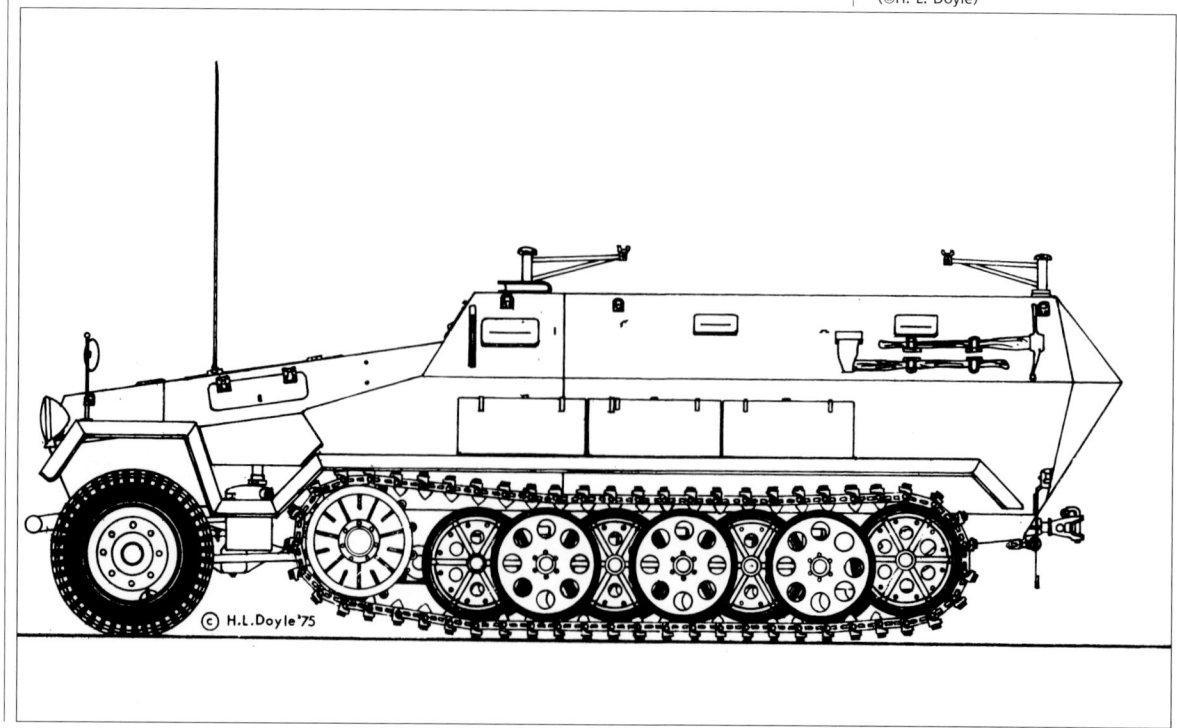

Sd.Kfz.251／1A型。
（©H. L. Doyle）

251／10 A型、「逆さまのY」のマークが描かれているが、これは第1戦車師団の柏葉の代わりに「バルバロッサ」作戦で使用された。またPaK36 3.7cm砲には、中間タイプの防盾が取り付けられている。防盾全部が砲とともに動き、側面の拡大部分は兵員と指揮官に追加の防護を与えている。

下げ、視界は狭くなるもののより良好な防護力を得ることができた。この装甲板は後方地域や移動中には完全に上まであげることもできた。また弾片で損傷した防弾ガラスを取り替えるため、予備の防弾ガラスも携行されている。

　後方部分には歩兵分隊が収容されるが、本質的にオープントップの長い箱で、10人分の座席がある。上および下側面板は8mm厚で、より良好な対弾防御力を得るため傾斜がつけられている。前端には突き出したフランジが側面板に溶接されており、後方部分はそこで前方部分にボルト止めされている。後部は傾斜した後面および角面板になっており、兵員収容部を囲っている。その中央部には大きな2枚開きの出入りドアとなっている。

　ドアは2枚の板がいっしょにボルト止めされて形成されており、ヒンジ止めされたスイングアウト式のアームに取り付けられている。ドア開口部の上部を閉塞するため、狭い幅の上面渡し板が車体後面板にボルト止めされている。ドア下の車体後部中央には牽引ピントルが取り付けられており、トレイラーその他のための電気コネクションと圧縮空気のブレーキラインが、後部車体下部左側に設けられている。

　この初期型の内部配置は非常にシンプルである。兵員が座る4つのベンチシートが2つずつ両側に用意されている。シートは上に折り畳むことができ、各シート下の床にあるブラケットには10個の機関銃弾薬箱が収納されている。シートに背もたれはなく、側壁のブラケットにはライフルとMG34、予備銃身、1挺のMG34用の重マウントが収容され、後部には機関銃用の50発弾薬ドラムが搭載された。

　当初の武装としては2挺のMG34機関銃が、対空、対地用のスイング式の腕木型マウントに装備された。何両かの車両は重機関銃分隊に指定されており、それらは前方側壁、車体取り付けフランジの直後に重三脚架を搭載している。重機関銃分隊用の車両はまた、前方のMG34を重三脚架に搭載していた。これは銃をかなり正確に長射程制圧火力として使用することを可能にした。Sd.Kfz.251 A型は1939年に試験運用が開始され、何両かはポーランド戦役で使用された。

　1940年春の西方戦役中には、引き渡された車両の多数が、第1戦車師団の第1狙撃連隊の一部に配備された。

乗員の荷物、弾薬箱、しばしば増加装甲代わりにもなる予備履帯を山と積み込んだ、第7戦車師団の251／1 B型が、1941年夏、侵攻作戦においてロシアを進撃する。

## variants

# バリエーション

　初期の戦訓によって改良が施されたB型にはいくつかの変更が取り入れられたが、車体後部側面の展望孔が廃止され、収容部といくつか内部の装具が再配置されたのみで、外見的にはほとんどA型と同一であった。防盾が付き、ピボットマウント式になった新しい機関銃架によって、射手の防護が改善され、より正確に機関銃射撃が行えるようになっていた。後部の腕木式マウントはそのままで、主として対空用に用いられた。新型マウントはまたA型にも広く再装備された。B型はまたFuSpG「F」R／T（無線機）用アンテナも、右側前方泥よけの背後から、無線機の右上側面に移った。B型の後期車体には、C型に正式に導入された改良点も盛り込まれている。

　試験や初期の戦訓が完全に盛り込まれた最初のバージョンがSd.Kfz.251 C型である。C型のもっとも顕著な改良点は、エンジン室部分の装甲板の配置と乗員の内部収容部と座席位置の変更である。エンジン部分は広範囲に改良された。原型と同様だった2板の設計の先端前面板は、1枚の14.5mm板に変更されている。冷却気は前面板下方から取り入れられるようになり、上面に空いたグリルは廃止された。側面の冷却フラップは側面の通風孔を覆う箱型の構造物に変更された。これは通風孔を常に開いた状態にして、より良好に冷却できるようにしたものである。

障害に立ち向かうためB型から降車する機甲歩兵の古典的写真。前方機関銃の重マウント、および前面の展望孔の間に描かれたバルケンクロイツに注目。

　主走行装置泥よけの前方部分が、起動輪と泥よけの間をもっと広くするため、前でより持ち上げられた。これは原型にあった直線状の泥よけでは、ここに泥やがれきがひどく詰まってしまうからである。工具類は車体後部側面から移動して、履帯泥よけの前方部分に配置された。側面の雑具箱は後方に移動し、泥よけを改良して工具を配置することを可能にしている。

　内部の収容部と座席の配置は完全に再編された。この配置は非常に満足できるもので、戦争の残り期間標準的に使用され続けた。座席は部分ごとに作られ、それぞれ前方座席には3名、後方座席には2名が座った。各座席の下には床配置の収容部が設けられ、上面は取り外せるようになっていて前面にはフラップが設けられていた。

　座席のフレームは、頑丈なフラットスプリングが取り付けられた溶接の金属管で構成され、馬の毛のパッドが入った革製クッションが取り付けられていた。操縦手および車長席もまた再設計され、座席とその背後のクッションを支えるフラットスプリングつきの鋼管フレームを持つようになった。

　装備と火器収容部もまた新型になった。FuSpG「F」R／T（無線機）は、以前は救急装備があった車長席の前の前面装甲下部に移った。地図収容管は通常無線機の背後、前方隔壁上には暖房用に暖気を取りこめるダクトがそれぞれ装備された。

　後部車体兵員室の収容部は、武器や装備が取り出しやすいように変更された。すべての側壁の収容ブラケットとフィッティングは、外側の装甲板にボルト止めされた内壁に取り付けられた。新しいラックにはKar98kライフルが、各側4挺ずつ収容される。各ラックの前方には、ライフルが取り出せるように、折り下げ式の頑丈なフラップがある。

　ラックは持ち上げると前方の座席の兵士の背もたれとなり、馬の毛が詰め込まれた革

製クッションが取り付けられている。各ライフルラックの後方は、オープントップの収容箱となっている。その前面部には後方座席の兵士用のクッションが固定されている。後部角部装甲板には、MG34用の50発弾薬ドラムが携行されており、射撃中に空薬莢を受ける袋がある。座席の後方、側壁下部には、2挺のMG34軽機関銃と予備銃身コンテナを収容するブラケットがある。

　この配置が非常に良いことが分かり、のちに特殊な目的のために変更することがある以外には、戦争の残り期間を通じて、標準的な装甲兵員輸送車の形態となった。後部ドアは1枚板で構成され、車体の角度に合うように曲げられている。ドアヒンジ支持部は装甲板に溶接されており、以前のようにボルト止めとはなっていない。

　戦争初期にドイツ軍が直面した最大の問題のひとつは、実際の戦争遂行努力に利用することのできる生産能力の欠如と、その結果としての車両不足であった。これはしばしば再装備計画の規模縮小や遅れにつながった。当初は短期戦になるだろうと考えられたために、長引く戦争には不十分な生産と調達計画が立てられていた。ドイツの戦争体制は、いつまでたっても、拡大する戦闘に必要な数の機材を生産するような方向転換が成されなかった。1940年に、必要とされる車両の供給を増加させるため、いくつかの企業がSd.Kfz.251生産に加えられた。これらの企業の多くは均質圧延鋼板を溶接した経験がなかったため、代わりにリベット止めの車体構造が開発された。これは溶接技術について必要な訓練と経験が習得されるまで生産されることになった。こうして多数のSd.Kfz.251 C型車体はリベット止め構造を持ち、エンジン冷却通風孔カバーは平面の側面板に箱が溶接される代わりに、側面板上に構成された。その他の点ではこれらの車両は、溶接を施されたものと同一である。

　1941年初め、Sd.Kfz.251は、制式に「中型装甲兵員車（Schtzenpanzerwagen）」と再命名された。これは通常「SPW」と略される。

　戦車師団の編成計画はまた、支援および指揮機能のために各種の特別な用途に対応する車両の必要性が生じた。Sd.Kfz.251は比較的に拡張性があり、必要な不整地走行能力も持っていたため、陸軍はこれらの特殊車両の必要に応じるために251の特殊バージョンを使用することに決定した。これはまた戦車生産への圧力をも軽減し――戦車だけが現実的な代替案であった――兵站支援を単純化することができた。

　Sd.Kfz.251の各バージョンは、基本車体の型の後に続くスラッシュ（／）と数字で識別される。基本の「中型装甲兵員車（Sch tzenpanzerwagen＝SPW）」は、Sd.Kfz.251／1 A型、B型あるいはC型と呼称される（どの型かは車体のモデルによる）。この名称は非常にはっきりしており、補給要員は野戦部隊の持つストックから正確なスペアパーツを選び出すことができる。重機関銃分隊の車両は、特殊な前方機関銃マウントを持っていることから、Sd.Kfz.251／1（s. MG＝重機関銃）A型（あるいはB型、C型）と呼称される。

　Sd.Kfz.251の最初の支援、指揮バージョンは、1939～40年に開発された。Sd.Kfz.251／2は、8cm中迫撃砲Grw34の機動砲架と砲員を搭載する車両であった。砲床は車内に収容されたが、これは迫撃砲を地上で射撃できるようにするためで、車体は弾薬運搬車として使用された。車内から迫撃砲を射撃するときは、操縦手は車体を停止させ迫撃砲砲員は武器の狙いをつけ、それから迫撃砲を地上設置時と同様に射撃する。

Ⅰ号戦車B型を伴う251／1 B型のこの写真には、1941年ギリシャ侵攻に参加した車両を写したものとキャプションがつけられているが、どうもそうとは思えない。車両の形態から考えて、おそらく戦車との協同訓練をとらえたものであろう。

アフリカ軍団第5軽師団の251／3には、工場で塗装されたグレイの上に泥で上塗りされた急場しのぎのカモフラージュが施されている。これは初期のアフリカ軍団の作戦中にしばしば見られたものであった。その後方には、ロンメルとその参謀によって使用された、捕獲されたAECドチェスター指揮車が見える。

訳注8：Sd.Kfz.251／2は機甲歩兵中隊の重装備小隊に配備された。迫撃砲の性能は、口径81.4mm、重量62kg、最大射程2400m、発射速度毎分15〜25発で、Sd.Kfz.251／2は66発の弾薬を携行した。

訳注9：Sd.Kfz.251／3には師団および砲兵、戦車部隊との連絡用、師団と砲兵の連絡用、師団と戦車部隊の連絡用、地上と航空機の連絡用、指揮司令車といったバリエーションがあった。フレームアンテナは師団司令部連絡用無線機のFu-8であった。

訳注10：Sd.Kfz.251／4は1942年には、後述のSd.Kfz.251／9と交替している。なお10.5cm leFH18軽野戦榴弾砲の弾薬搭載数は120発であった。

訳注11：Sd.Kfz.251／5は、工兵小隊の無線指揮車として使用された。

訳注12：Sd.Kfz.251／6は1943年には廃止されている。

Sd.Kfz.251／2の有する利点は、迫撃砲を繁雑さもなく素早く移動させられ、砲員に敵砲火に対する防護も提供できる多くの機能を備えていることである。前方機関銃は撤去されている [訳注8]。

Sd.Kfz.251／3は、何台かの無線機を搭載した指揮車両である。これには無線機の種類が異なるいくつかのバージョンがあり、あるものは歩兵の指揮と調整に用いられ、あるものは異なる部隊間、またあるものは空軍の空地通信に使用された。／3バージョンのすべては、周辺に目立つフレームアンテナが組み立てられ、直立アンテナが中央に立っていた。別の指揮、連絡車両ではFu-11無線機が装備され、伸縮式柱状の9mロッドアンテナが取り付けられていた。1942年からはフレームアンテナをあまり目立たない「スター」ロッドアンテナに変更されたものがあった [訳注9]。

Sd.Kfz.251／4は、10.5cm leFH18中榴弾砲の牽引用車両であった。車内には砲員と少数の弾薬が搭載された。砲員が砲を設置して射撃を開始した後は、ハーフトラックは弾薬運搬車として使用された。この10.5cm榴弾砲牽引車としてのバージョンは、最終的にヴェスペ自走砲と交替している。しかし自走対戦車火器の不足のため、Sd.Kfz.251／4バリエーションは、戦争の終結まで5cm PaK38、後には7.5cmの対戦車砲（PaK40）の牽引に使用された [訳注10]。

機甲突撃は、しばしば対戦車障害物を突破して前進することもあり、すべての戦車師団は地雷原や障害物を啓開し、対戦車壕や砲弾穴を埋めたり、橋を修復するための、戦車に随伴する戦闘工兵を保有している。工兵中隊が装甲車両を必要とすることは明らかであり、Sd.Kfz.251／5は重戦闘工兵分隊用の特殊運搬車として設計された。車内収容部は、工兵部隊が使用する特殊装備を携行するために、広範囲に変更されている。地域や気候によって他の地域で使用される機材とは異なる装備や補給物件が必要とされるため、部隊により、そのレイアウトは異なっている [訳注11]。

Sd.Kfz.251／6はSd.Kfz.251／3のバリエーションであるが、高級士官が使用するために作り出された。本車は同じ部隊のSd.Kfz.251／3と同じ基本的な指揮無線機を搭載していたが、／6は追加して暗号装置（エニグマ）と追加の無線操作員を収容していた。ほとんどのSd.Kfz.251／6は、A型から製作されていた。これら指揮車の一部は武装を装備していなかった。多くの場合、／6バージョンは指揮ペナントと前面のマーキング、あるいは本車に有名な高官が乗車していることで、容易に識別することができた [訳注12]。

Sd.Kfz.251／7は、／5より改造度の低い工兵車両であり、軽工兵分隊用に意図された車両である。より原型となった車両の配意が残されており、大きな変化は特殊装備用の追加のブラケットが装備されたことである。Sd.Kfz.251／7には2つのモデルがあり、タイプⅠとⅡと呼称されている。これらはよく似ており、その違いは収容部だけである。

携行されている装備は／5とは異なり、チェーンソーが爆薬と爆破機材に変更されている。MG34は2挺ともそのままで、2つの小型突撃橋が搭載されている。多くの工兵部隊がその位置を広げて兵員の装備の追加収容部を作り出すため、突撃橋用ブラケットを再配置している。Sd.Kfz.251／7は／5より多数が生産されたため、次第に初期の車体を代替していった。

多くの国で前線戦闘地域から負傷者を移送するための装甲救急車が発達した。Sd.Kfz.251／8は、4名の担送患者と最大10名までの座ることのできる患者を収容できる装甲野戦救急車として設計された。通常の座席と装具用ブラケットは撤去され、折り畳み式の担架と座席に取り替えられている。すべての武装は撤去され、ジュネーブ協定の条項にしたがって大きな赤十字のマークが描かれている。貯水コンテナがトランスミッションハウジング上に配置されており、医療補給物資が携行されている。

　Sd.Kfz.251／8の不足のため、少数の標準型／1がMG34を撤去され赤十字のマークを描くか赤十字旗を翻らせて、救急任務に転用された。即席救急車は、銃はないものの前方機関銃防盾が残されていることで、識別することができる。本物の／8は完全に防盾まで撤去されており、加えて担架を、より容易に車内に積み込めるように、後部上面板もしばしば取り外されていた。

　Sd.Kfz.251／9は、偵察部隊に近接火力支援を行うために設計された車両である。IV号戦車F型のが43口径の40式戦車砲への武装転換したため、もともとこれらの戦車に搭載するはずであった多数の24口径37式戦車砲が供給された。初期型のIV号戦車が長砲身型に改装されたことによって、さらに追加の24口径榴弾砲が手に入った。

　Sd.Kfz.251／9は榴弾砲を、もともとはIII号突撃砲用に開発された砲架に搭載していた。揺架の基部は床のフレームにボルト止めされており、操縦手席右側部分が、砲の射界を得るために切除されていた。旋回範囲は非常に限定されていたが、それで十分であった。というのは車体全体を目標に向けて正対させることによって、おおよその照準ができるからである。

　乗員は4名で、後部の腕木式MG34銃架はそのまま保持されている。FuSpG「F」R／T（無線機）は左側壁に移動し、弾薬箱は左後部座席部に配置された。弾薬は52発が携行され、6発が榴弾砲近くの右側壁のラックに搭載された。

Sd.Kfz.251／1C型。
(©H. L. Doyle)

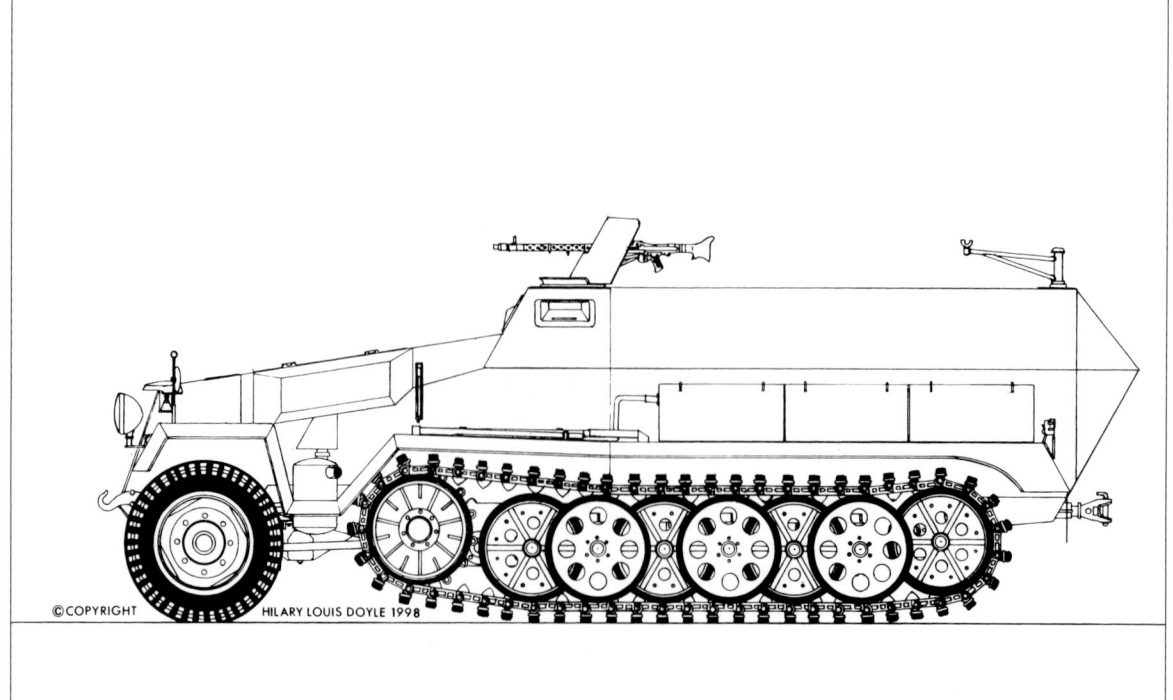

ハーフトラックにジュリ缶が吊り下げられていることで、C型の新しい平らな一枚板の先端前面板がはっきりわかる。大きな装甲カウルは、エンジン室側面の換気口を防護している。外部雑具箱は、A、B型より後退した位置にある。

重火器分隊は数挺のMG34機関銃という火力を持っていたが、歩兵の攻撃を支援するには、さらに重支援火力が必要であった。Sd.Kfz.251／10は機甲歩兵中隊の小隊長車として配備され、3.7cmPaK36軽対戦車砲を搭載している。初期型は砲を搭載しただけでなく、野戦砲架に使用されていた大きな防盾も装備されていた。

砲員は車体で防護されていたが、防盾の背が非常に高く目立つので、すぐに車体をそんなに目立たせることなく砲員を防護する背の低い防盾が開発された。背の低い防盾の最初のものは、砲の前方を横切って車体全幅にわたっていた。二番目のものは、より一般的なタイプで、一組のすき間を空けた板が射手側だけを防護していた。

弾薬は標準型コンテナに入れて、右側に搭載されていた。戦争初期には3.7cmPaK36はまだ信頼できる対戦車砲であり、その榴弾は通常の射程距離で非装甲車両あるいは建物に損傷を与え、人員を殺傷することもできた。それは近接支援火器として、非常に価値あることが証明された。

1940年までには、Sd.Kfz.251を機甲部隊で使用されるすべての特殊目的車両のベースとして使用することが決定された。開発と改造のペースは増大し、多数のバリエーションが機甲部隊の異なる用途のために開発された。

Sd.Kfz.251／11は、電話とテレグラフ用の電線のケーブルの敷設と運用を行う電話通信車両である。乗員は4名でケーブルと電話線をリールに巻いて携行しており、同時に接続や運用装備も搭載されている。

Sd.Kfz.251／12、／13、／14、および／15は、砲兵用の観測、測距車両である。装備および搭載物の技術的詳細はあまり知られていない。これらの生産は真っ先に他の型式へと転用された。

Sd.Kfz.251／12は、砲兵観測分隊とその装備を搭載する。／13は、聴音車両である。Sd.Kfz.251／14（音響測定車）と／15（発射光測定車）は、敵砲兵の位置の探知と測距に使用された。多くの部隊でこの機能は、特殊用途トラックに引き継がれた［訳注13］。

訳注13：各車ともに1943年に廃止されている。

Sd.Kfz.251／16は、近接支援任務を目的とした火炎放射用のハーフトラックである。

Sd.Kfz.251／16はC型車台を基に製作されており、2基の14mm火炎放射器を各々の側に、および10m長のホースで車体につながれた1基の7mm携帯式火炎放射器を装備していた。この小さな放射器は、大型放射器では適切に目標が狙えない場合に使用された。携帯式放射器は車外で使用されるので、支援される歩兵は目標からの防御砲火を制圧する必要がある。火炎放射器用の燃料タンクは後部側壁に沿って配置されており、携帯式火炎放射器用の燃料タンクは、閉め切りとなっている後部ドアの前に取り付けられている。

1941年から1942年の間の戦訓により、機甲部隊を防護するために、固有の自走対空砲の必要性が提示された。重高射砲には通常ドイツ空軍の砲員が配置されるので、対空部隊は空軍の統制下にあった。ただし、いくつかのHeeresflak（陸軍対空砲兵部隊）がそれを補完した。

低空攻撃に対して戦車は脆弱なので、こうした戦術からの防護は、より切迫した必要性があった。最初はそれぞれ2cmFlak30およびFlak38を搭載したSd.Kfz.10／4および／5軽砲兵牽引車が、この任務に使用された。この軽対空車両は、ほとんど装甲されておらず、敵航空機のみならず地上砲火にも脆弱なことがはっきりした。

野戦急造で少数のSd.Kfz.251／1兵員輸送車が、2cmFlak38対空砲を後部車体に搭載した対空車両として転用された。Sd.Kfz.251兵員室の幅が狭いため、限定旋回しかできず、一般的に対地目標との戦闘には向いていなかった。それにもかかわらず、2cm、3.7cm火器を搭載したSd.Kfz.7およびSd.Kfz.10牽引車の開放砲架より良好な防護が与えられたため、防空には有用であった。

1942年にドイツ空軍はSd.Kfz.251 C型の特殊対空バージョンを開発した。部隊運用試験のため、10両の車体と2両のフレームアンテナを装備した指揮車が製作され、しばらくロシアで使用された。車体はかなり改修され、兵員室左右が拡大されて2cmFlak38の全周旋回が可能となっていた。

砲は、地上で使う砲架そのままの姿で車内の床上に設置されていた。地上目標と交戦するため、車両の側面は砲を側方へ向けて最大俯角がとれるよう低くくすることができるようになっていた。これはまた砲員防護の効果を低下させることとなったが、ロシア軍より長い射程を持っていたので、2cm砲を効果的に使用することができた。

「野戦改修」は普通のことであった。この251／7 C型工兵用ハーフトラックは、指揮車両とするため、別のタイプの装甲戦闘車両より取り外したアンテナを後から装備している。損傷した泥よけは、しばしば取り外される。このハーフトラックの天面に置かれた、磁気対戦車車両地雷―「吸着成型炸薬」―に注目（＊）。
（＊訳注：装甲貫徹用の成型炸薬弾頭を手持ち式にして先端に3個の磁石を取り付けて装甲板に張り付くように工夫した兵器で、炸薬は3kgの重量があった）

第11戦車師団は、東部戦線で非常に積極的に行動した。この251／3 C型は、先端部の乱雑な冬季カモフラージュの中に、「公式」と「非公式」の双方の師団マークが描かれている。垂直に分割された黄色の円と白の幽霊である。

「グロースドイチュラント」機甲擲弾兵連隊長ロレンツ大佐の251/6 C型。1943年に撮影されたもの。ロレンツは車体の右側に見える、ゴーグルと制帽を被った人物である。先端前面板の白の「GD」の師団マーク、白とグレイの指揮官旗および車体側面の「01」に注目。

IV号c自走砲架搭載自走対空砲(VFW1)には、FlaK37の砲身が取り付けられている。これは成功を収めなかったが、計画は1945年1月まで継続された。

　実用的ではあったが、本車は製作にかなり費用がかかるため量産されなかった。試験車両はかなり写真に撮られたので、広範囲に実戦で使用されたと信じられる結果となった。2両の指揮車も車体は同じように改修されていたが、2cmFlak38は搭載されていない。

　1942年終わりから1943年初めの間に、多くの戦線——広大なロシア戦線に全軍が吸いこまれ、同等にいくつかのヨーロッパ戦役での交兵もあった——で戦うために、兵器のはるかに高い生産力が必要となった。ドイツ・アフリカ軍団もまた、イギリスと英連邦諸国部隊の師団群を貼り付けておくために補給を必要とした。ヒットラーはアフリカを保持することを望み、ヨーロッパでのいかなる戦争の準備も放置していた。ヒットラーの新しい軍需大臣、アルベアト・シュペーアはドイツ経済と工業力の限界内で生産を分配し、量産数を増やす方法を模索した。

　Sd.Kfz.251は、車体が多くの傾斜板で構成されていた。これは切断と組み立てに時間を浪費した。Sd.Kfz.251の基本車体の大規模な再設計が行われ、その結果、D型が作られた。D型は最後の基本車体バージョンとなった。A、BそしてC型の多くのバリエーションが、D型でも生産し続けられた。しかしいくつかは廃止され、また新しいものも加えられた。これまでのすべての型を合わせたよりも多数のD型が生産されたが、初期の車体もまさに戦争の終結まで使用し続けられた。

　Sd.Kfz.251 D型の基本的目的は量産数を増やすことであった。これは車体装甲板の数を50%減らし、設計の多くの細かい部分を単純化することで達成された。車体の基本的な変化のひとつは新しいエンジン上側面板で、通風孔を覆う箱の溶接が廃止されていた。雑具箱は下側面に2つの長い箱が造り付けられていた。後部は真っすぐ突き出してオーバーハングする形になっており、A〜C型の複雑な角度のついた「貝殻」タイプ

の後部ドアに代えて、2枚の平面のヒンジ式ドアが取り付けられていた。

　ほとんどの工具は雑具箱内に移動したが、つるはしと斧は前輪泥よけ上に置かれた。初期のエンジン下側面板は角度をつけるため曲げられていたが、D型では小さい板を溶接する——溶接のほうが装甲板を正確に曲げるために必要な特殊な工法より好ましいと考えられた——新しい方法が取り入れられた。ＭＧ３４はＭＧ４２に変更されたが、マウントは初期のモデルから変更されなかった。

　内部はC型と同じであり、座席、ライフルラック、

1943年9月、ロシアで行動中の「グロースドイチュラント」機甲擲弾兵師団機甲歩兵小隊の251C型。このとき師団はクルスク戦後のロシア軍の大攻勢の南翼で激しい防衛戦闘に投入されていた。後部車体の鉄十字、ドア上の目立つ白の師団マーク、「カラスの足」アンテナ（スターアンテナ）、はっきりした火炎状パターンの3色カモフラージュ塗装スキムに注目。

箱、内部収容部のすべてがそのままとされた。改良と変更は、時間あるいは貴重な資源の消費を節約するために行われた。ライフルラックの銃床受けは金属ではなく木材で作られるようになった。兵員の座席は、金属管フレーム、スプリング、パッドの入った革製クッションを持つ複雑なC型の座席に代えて、木板で作られた公園のベンチのようになった。

　後部ドアはシンプルなヒンジで、下そして外にスイングして開き、内側にある棒で、ドア開口部の車体上下に溶接されたガイドに沿ってロックされた。外側の「T」型ハンドルによって、車体の外側から後部ドアはロックすることができた。これはA～C型とは異なっていた。D型のドアはロックしなければ閉めておくことはできなかった。機関銃収容ブラケットは、MG42のかさばる四角形をした銃身ジャケットを収容するため再設計された。D型の特殊用途のバージョンは、おおよそ20種類に拡大した。

　初期のA～C型から残存したのは、／1装甲兵員輸送車、／2迫撃砲運搬車、／3無線車（通常、ただし常にではないが、ロッドアンテナであった）であった。Sd.Kfz.251／4D型は、十分な自走対戦車砲が欠けていたため部隊内で7.5cmPaK40の牽引に使用された。Sd.Kfz.251／5はD型車台ではもはや生産されなかったが、工兵部隊は彼らの保有車両を改装してうまく装備した。同じように、／7 D型工兵車両バージョンも疑いなく存在することとなった。

　また少数のD型にはフレームアンテナを取り付けた様子も見られるようだ。これは暗号機を装備した／6高級指揮車両に装備されていたものである。既述のように／7工兵バージョンは、実際に存在し続けた。／8救急車はC型車台から製作された／8と非常によく似ており、同じ折り畳み式担架と座席の特徴を持ち、車両によっては乗員は後上部板を取り去っていた。

　Sd.Kfz.251／9 D型は、2つのバージョンが製作された。ひとつ目はC型と同一のもと

訳注14：Sd.Kfz.234／3は8輪重装甲車偵察車プーマの車体を流用して製作された車体で、1943年6月から12月までに88両が生産された。Sd.Kfz.250／8は軽装甲兵員車の車体を流用して製作された車体である。

※2：ヴァンガードシリーズVol.20「ドイツ装甲車両と偵察用ハーフトラック1939～1945」参照。

1943～44年の時期に荒れ狂う冬の地平に佇む「グロースドイチュラント」師団の装甲兵員輸送車。1943年の終わりの2ヵ月に、国防軍は1000kmの戦線で240kmも後退を強いられた。この後退もいくつかの戦区では秩序だったもので、赤軍は多くの犠牲を払わなければならなかった。それは主として戦車とハーフトラックの機動戦闘集団の活動によるもので、彼らはひとつの弱い地点から別の地点へと機動して「火消し役」として活動した。

もとⅢ号突撃砲の24口径榴弾砲用砲架を使用していた。1943年終わりには、既存の車体の改造用に、とくに新しい軽7.5cm榴弾砲用砲架が開発された。これは操縦手天面装甲板に搭載され、基本車体の余分な変更の必要がなかった。

24口径榴弾砲は砲架上で限定旋回でき、防御用に主砲の隣にはMG42が同軸に装備されていた。照準器は榴弾砲の左に配置され、前のモデル同様に照準し、射撃することができた。薄い装甲板が砲架の前面と側面を、弾片から防護していた。同じ砲架はSd.Kfz.234／3とSd.Kfz.250／8（新型車体）にも使用されていた［訳注14］。※2

Sd.Kfz.251／9 D型は「シュトゥンメル（切り株）」という愛称がつけられていた。効果的な近接支援兵器であり、機甲偵察部隊に配備された。

1943年の戦闘状況では3.7cmPak36対戦車砲より重火器が必要であり、比較的少数のSd.Kfz.251／10 D型が製作された。それにもかかわらず／10 D型は1943～44年にある程度の数が使用された。Sd.Kfz.251／11は初期型と類似していた。Sd.Kfz.251／12～15は、D型車体の導入前に廃止されたようであるが、少数が製作されたようである。

Sd.Kfz.251／17 D型は対空用のハーフトラックで、Sd.Kfz.251で最初に制式化された対空バージョンであった。本車には砲座に搭載された小型の装甲砲塔に1門の2cmFlak38が装備されていた。砲手は火器の後方に支えられた座席に座り砲塔を手動ハンドルで操作する。砲への給弾は20発入箱型弾倉で行われた。乗員は4名で追加火力のMG42は残されていた。1門の2cmFlak38では重厚な火網は発揮できないし、箱型弾倉による給弾には狭い車内の屋根の下に押し込められた装填手が必要だった。少数の本車が1944～45年終わりにヨーロッパで連合軍部隊相手に戦った。

Sd.Kfz.251／18は初期型を改装したもののようで、砲兵観測所および指揮所として使用された。／18の主要な識別点は、操縦手席天面板上に作られた大型の地図台である。現在、本車を見ることのできる写真は一般にA型かB型だが、一部はC型で、おそらく必要に応じて改装されたものであろう。

Sd.Kfz.251／19は移動電話交換車で、電話交換機、接続装備を搭載していた。本車

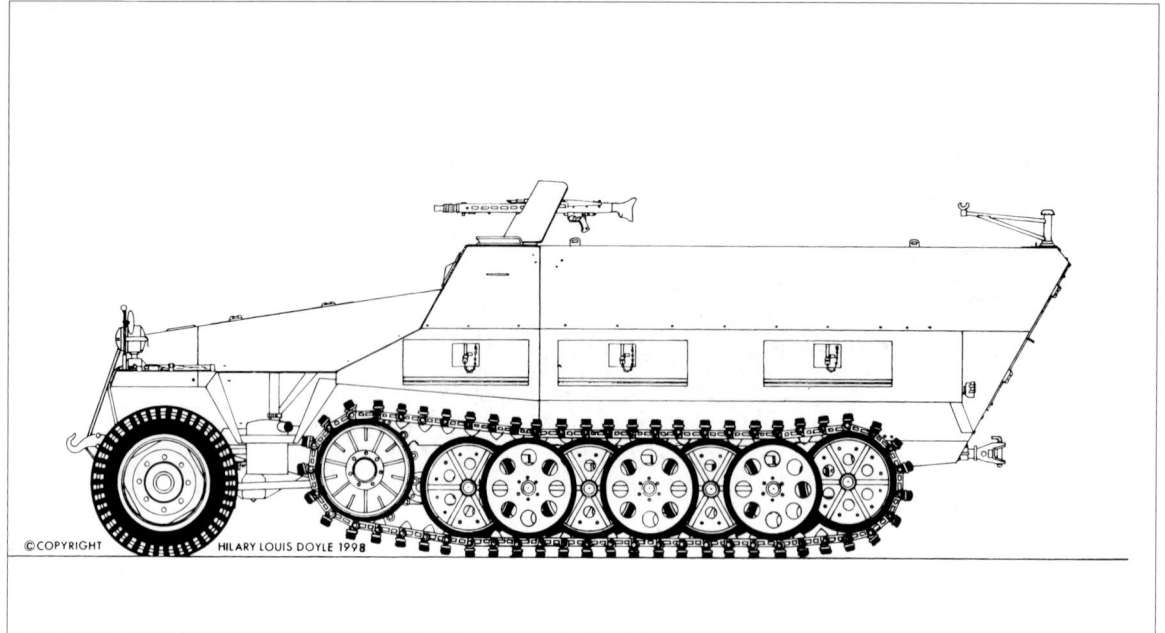

Sd.Kfz.251/1D型。
(©H. L. Doyle)

はC型の車体と同様にD型の車体でも製作された。司令部がかなり頻繁に移動を余儀なくされる流動的な戦闘状況で、前線地域との電話通信連絡を維持するために、非常に価値ある装備であった。

　Sd.Kfz.251/20はD型車台をベースに開発されたもので、大型(60㎝)の赤外線探照灯を搭載していた。本車は「ウーフー(ワシミミズク)」として知られ、夜間目標を照射し、赤外線探知装備を持つパンター部隊とともに運用された。Sd.Kfz.251/20の操縦手は赤外線スコープを装備し、赤外線探照灯で照射された周囲の地域を見ることができた。この赤外線装備が正規部隊に配備される前に終戦となったが、赤外線装備を持つパンター部隊による交戦の結果、この新型夜間戦闘技術は極めて有効であることが証明された。何両かのSd.Kfz.251/20が捕獲され、赤外線による視認への興味と発展は、現在まで続けられるのである[訳注15]。

　Sd.Kfz.251/21は、安価でより適切な新型対空車両を代表するもので、Sd.Kfz.251のもっとも有効な対空バージョンであることが明らかになった。すでに、/21にほぼ匹敵するC型車台から作られた野戦改造車両があったが、最初から生産された車両はD型から作られたものである。

　内部の装具——ライフルラック、前後席その他——は撤去され、3門の15mmMG151対空機関銃を装備した改修型海軍用台座式砲架が、前部座席のあった床上に搭載されていた。ドイツ海軍は、安価な近接対空防護火器装置として、「フラックドリリンク・ソッケラフェッテ(3連装対空砲架)」を開発していた。空軍は、より口径の大きい火器を必要としており、多数の高性能のマウザー15mmM151[訳注16]が他の目的に使えるようになった。1944年には、空軍が3㎝砲の使用を増大させたため、追加して2㎝MG151/20が使用できるようになった。15mmおよび2㎝(20mm)の双方のMG151が、Sd.Kfz.251/21に使用された[訳注17]。

　砲架は固定ベース板に旋回式の円錐形台座が載りその上に揺架部が搭載されていた。揺架には航空機用の駐退復座機構ごと3門のMG151が装着されていた。砲は右側にオフセットして搭載されていて、弾薬ベルトと給弾クラッチのための空間を稼いでいる。

訳注15：ドイツ軍の開発した赤外線視認装置はアクティブ方式と呼ばれるもので、赤外線を照射してその反射を見ることになる。有用であるがこの方式では照射された部分しか見ることができず、同様な装備を持っていれば逆に赤外線照射の光芒は、相手にはっきりと見えてしまう。このためアクティブ赤外線方式は、現在では完全に旧式となっている。これに対して最新の赤外線視認方式は、物体の放射する赤外線——物体は温度に応じた電磁波——赤外線も光、電波と同じ電磁波である——を放射しており、その赤外線波長の像を見る）を見るもので、これなら自ら赤外線を照射する必要はなく、発見されずに視察することができる。これはパッシブ方式と呼ばれる。

訳注16：Me109F-2型戦闘機に装備されていたが、F-4型では、さらに口径の大きな20mm砲に換装させた。

訳注17：MG151/15および20の弾薬はベルト給弾式で、発射速度は1門あたり毎分700発であった。

前面MG34装備位置に3.7㎝「ドア・ノッカー」を装備した、C型装甲工兵車両。

空薬莢とベルトリンクは中央台座に集められる。台座上には3つの弾薬容器が装着され、砲座全体が旋回する。中央の容器には榴弾、曳光弾そして徹甲弾が交ざった弾薬400発が収容される。外側の容器にはそれぞれ250発が収容される。中央の容器が大きいのは、中央砲は再装塡がより難しかったからである。

射手は砲架後方に備え付けられた金属製の座席に座り、手動で砲架全体を動かす。ギア式操砲装置と手動ハンドルはない。砲架の両側に装備された2つのハンドグリップには発砲のための引き金がある。初期の砲架には反射式光学照準器が使用されていたが、後期型ではシンプルな環状照準器が使用されている。後期型にはまた異なるタイプの装甲板が、砲と揺架を囲んでいた。

本車の車体には操縦手天面後端の左右車幅までと、側面前上端に沿って装甲板が追加されている。射手の後部の車体左右車幅までの後部装甲支えのためのブラケットがあるが、装甲板は通常取り外されていた。弾薬は車体後部の容器に3000発が収容された。後部のMG42は車体防護のために残されていた。

自走対空砲架開発のもっとも大きな矛盾は、通常こうした車両は軽装甲であり、敵戦闘爆撃機の最優先目標となったことであろう。西部戦線で喪失された大多数のSd.Kfz.251／21は、連合軍の航空攻撃によるものであった。予備部品と燃料の確保がより困難になるにつれ、多くの車両が放棄され、実質的に完全なまま捕獲された。

Sd.Kfz.251最後の有名な型は、すべての適当な車両を対戦車砲架に使用すべしという、ヒットラーの個人的命令の結果開発されたものであった。Sd.Kfz.251車台にはいくらか過積載であったが、7.5㎝PaK40を搭載することができた。車両は1944年終わりから1945年初めにかけて転用され、Sd.Kfz.251／22 D型と命名された。砲架はやはりPaK40を搭載したSd.Kfz.234／4装甲車と、実質的に同じであった [訳注18]。

操縦手天面板の後部から延長された「｜｜」字型ビームが下に角度を持って後部まで延び、その下端で床に直接溶接されている。天面から降りる途中のビームにプラットフォームが溶接されていて、このプラットフォームにPaK40の上部砲架——旋回機構、砲身、照準器および防盾から構成される——がボルト止めされている。

訳注18：Sd.Kfz.234／4は8輪重装甲偵察車プーマの車体を流用して製作された車体で、1944年12月から1945年3月までに89両が生産された。

砲防盾の下端の角は、ハーフトラックの側面をクリアーするため切り欠かれている。操縦手天面板の一部が後ろ向きに切り欠かれており、砲身下の駐退復座装置をクリアーしている。シンプルな枠型のトラベルロックが、操縦手天面板の前に溶接され、前方座席とライフルラックはともに撤去された。

砲架の近くに2つの密閉式弾薬箱が取り付けられている。

左右頁●251は、しばしば歩兵支援火力のためのロケット発射機の搭載車両として使用された。この改装は、鋼管溶接の取り付け具を装備するだけで良かった。取り付け具にはそれぞれ俯仰のためのランチャーサポートを持つ平面のベース板が固定されていた。28cm榴弾と32cm焼夷弾は、発射機を兼ねた枠に収容されて輸送された。枠はベース板上の発射板に取り付けられ、ロケットはその中から発射された。2つのタイプの枠があった。重木製バージョン（P23上）は通常発射後に廃棄されたが、もうひとつの鉄製タイプ（P23下）はときおり再使用された。P22とP23上の写真では、初歩的な照準器として使われる車体先端に固定された2つの垂直なベーンが見える。P22写真のハーフトラックには――多くの投射枠付き装甲兵員車の通例であったが――「箱」から立ち上がった「二つの矢尻」の機甲工兵中隊の戦術マークが描かれている。

右側壁に合わせるように設計された大型の弾薬箱には17発の弾薬が収容され、砲プラットフォーム下の小さい垂直の弾薬箱には5発が収容されていた。この弾薬箱のレイアウトは、操縦手からの緊急脱出を困難にしたが、どうしようもなかった。右前（車長）座席は撤去された。

固定されずにコンテナへ収容された弾薬は、右側後部座席の代わりに床下に搭載された。左側収容箱および後部座席はそのままあった。砲手は砲の左側の折り畳み式木製座席に座り、PaK40の標準型光学照準器を使用して、照準射撃を行う。以前には左側のライフルラックが占めていた場所に、何両かの車両では追加されなかったが、すぐに使うことのできるように弾薬が固定されずに収容されていた。後部のMG42は車体防護のために残されていた。

Sd.Kfz.251／23にも少し触れよう。本車は1945年の生産計画から除かれていたSd.Kfz.250／9に代替すべく意図された偵察車両であった。本車が実際に生産され運用されたか情報はない。記録によれば、Sd.Kfz.251／23は、2cmKwK38とMG34を装備した、Sd.Kfz.234／1や38(t)偵察戦車[訳注19]に使用された「ヘンゲラフェッテ38（38式揺動砲架）」と同じ砲塔を搭載していることが示されている。おそらくはSd.Kfz.250／9と同様に、車体全部の天面が装甲されていた。

Sd.Kfz.251装甲兵員輸送車に広く適用された改修に、榴弾（28cm投射体）および焼夷弾（32cm投射体）の弾頭を持つ28cm、32cmロケット推進弾用ランチャー装備型があった。操縦手が車体で目標を狙う助けとなるように、2本の照準棒がエンジン室の前部に取り付けられている。俯仰は発射機のベース板で調整される。Sd.Kfz.251では6基の発射機が使用された。

Sd.Kfz.251用のランチャー取り付け具には、各弾薬を収容し輸送中は収容具になる木製ないし金属製の枠が装着される。木製枠は損傷したときには廃棄されるが、金属製枠は再利用が可能である。通常ロケットを発射するときは、乗員は車体を離れる。これはスピン安定式の弾体[訳注20]からの後方爆風がものすごいからである。ロケット弾の有効射程は1900～2200mで、これらは強化地域や敵陣地を弱化させる、とくに十分な

訳注19：Sd.Kfz.234はもともと5cm砲を装備したブーマが原型であったが、生産途中よりその軽武装偵察車型のSd.Kfz.234／1に生産の重点が移された。本車は1944年6月から1945年1月までに200両が生産された。38(t)偵察戦車は38(t)戦車の車体を流用して製造された偵察車両で、新規の生産ではなく前線から引き上げられた車体を使用して1944年2月から3月までに50両が改造された。

訳注20：ロケット弾は火砲から発射される弾丸のようにライフルによる旋転は与えられないので、飛翔の安定には別の手段が必要である。ロシア軍の「カチューシャ」のように通常は小翼を取り付けて安定を図るが、ドイツ軍のロケット弾は後方から噴出する推進ガスの吹き出し角度を調整して、弾体が回転して飛ぶようにした。

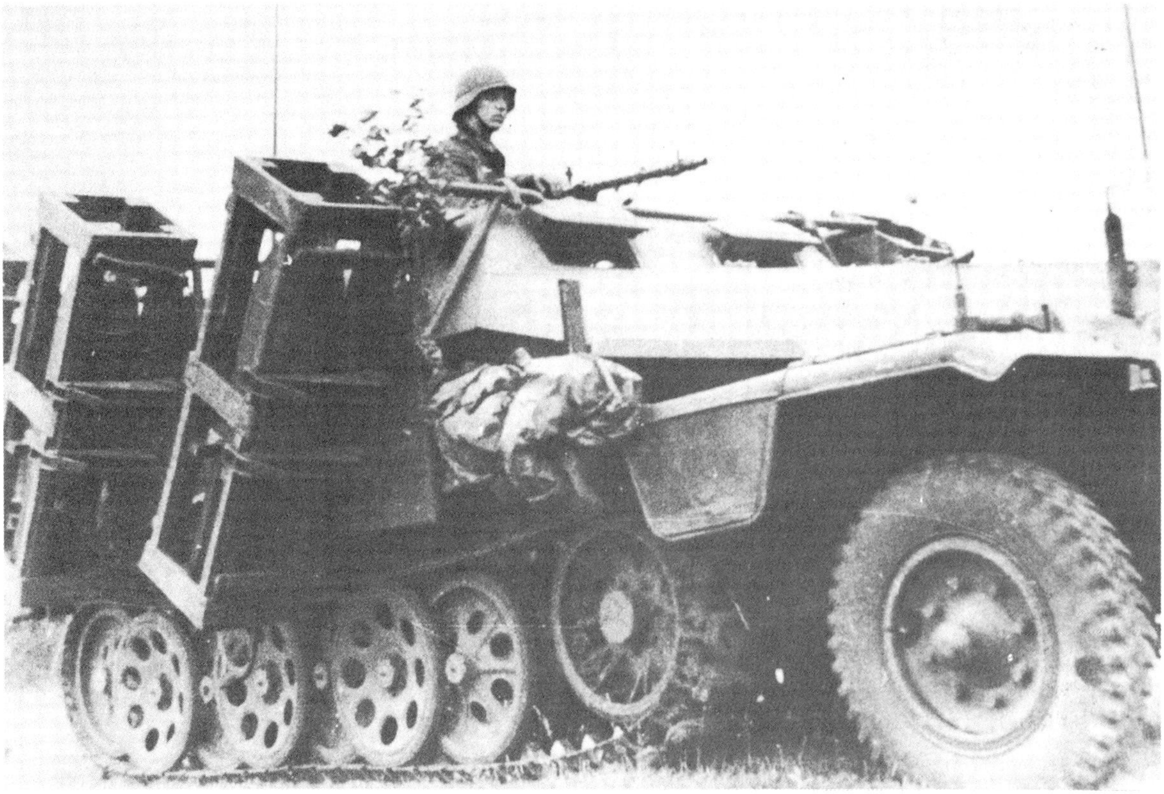

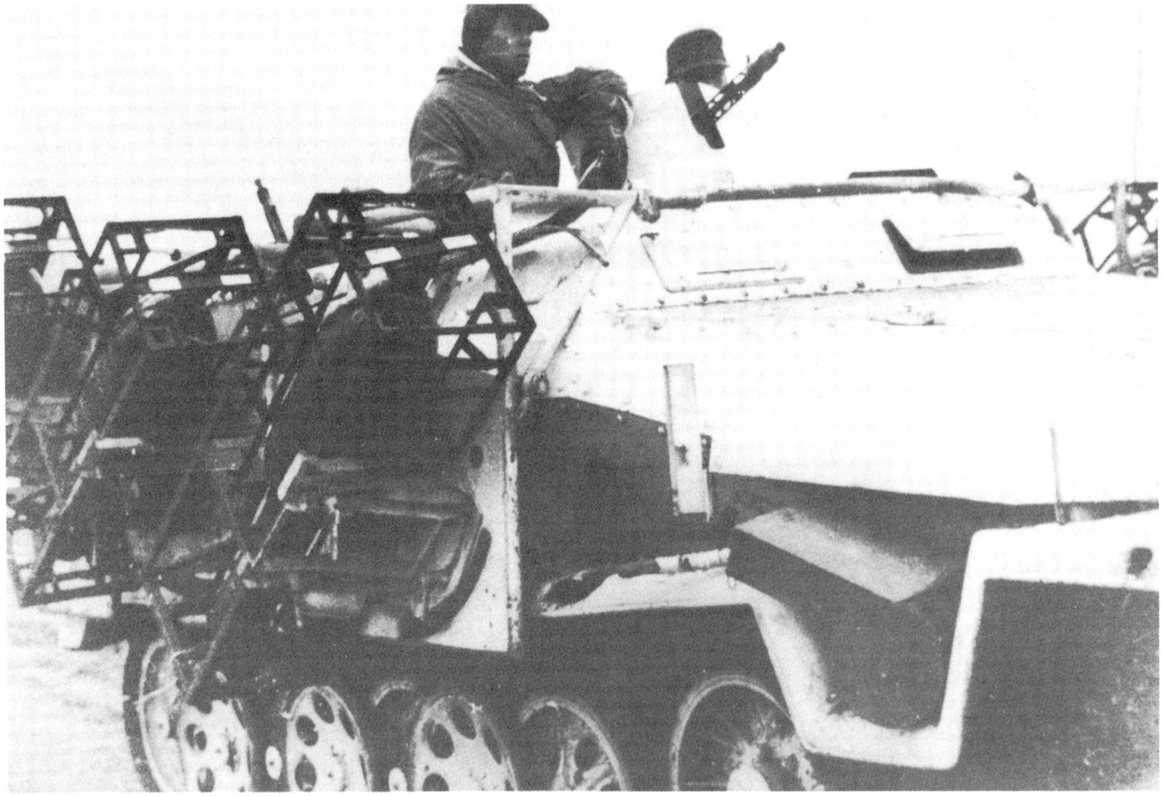

砲兵支援が得られないときに、広範囲に使用された。

　野戦部隊は地域の状況に適合することに長けており、その必要に合わせて多くの野戦改修が出現した。Sd.Kfz.251に搭載された2cmFlak38のほとんどは野戦改修であり、多くの車体は一時的に改修されたり、あるいは単に救急車、弾薬、物資運搬、無線、指揮車その他に指定されただけのものであった。これが多くの奇妙な車両がときどき写真に現れるわけである。

training and organisation

# 訓練および編成

　戦前と戦争初期の訓練は、その当時の基準としては、かなり恵まれており、ドイツ陸軍の先見性のある指導者は、戦車師団を「戦闘の女王」と見なし、機甲部隊の戦術と有効性の改良に最大の優先順位を置いていた。少なくとも当初は機甲歩兵連隊には、優れた部隊の兵員と徴兵者から注意深く選び出された最優秀な者が標準的に配属されていた。

　初期の訓練は歩兵の多くと同じものだが、その訓練水準は非常に高かった。それから機甲歩兵要員として彼らに合わせた特別な訓練過程に入った。この間に彼らは協同攻撃に関する特別な戦術を学ぶ。戦術は戦争初期の年月にかなり変化した。というのは当初はごく少数の装甲兵員輸送車しか使用できず、非装甲の歩兵部隊は機甲集団の戦車の近くに随伴することはできなかったからである。

　訓練は、突撃、機甲部隊との前進、偵察、戦車と歩兵の協力、戦車部隊が突破した地域と敵陣地の確保といった戦闘の過程を網羅していた。初期の訓練は軽自動車に搭載したダミーの戦車を使用したが、高等訓練は訓練学校に配備された軽戦車を伴う作戦が含まれていた。加えて戦車師団には、新しい部隊に各種の前線中隊とともに行動する教義を教え込むために訓練作戦を行った。

　「シュッツェン(狙撃)」連隊は歩兵師団の連隊と同様な流れで編成された。各連隊は2個大隊から成り、各大隊は3個狙撃中隊と1個重中隊を有する。中隊は3個狙撃小隊から構成され、これらの小隊はそれぞれ3個狙撃分隊ないし班を含む(グルッペ)。Sd.Kfz.251は10名の分隊ないし班を輸送するよう設計され、分隊の降車戦闘中に火力支援の手段を提供する。

　機甲歩兵小隊の各分隊は、MG34機関銃2挺(1挺は重三脚架)、Kar98K小銃8挺および操縦手と車長用にMP38またはMP40機関短銃2挺を装備する。重機関銃分隊は2基の三脚架と車両に特別な長射程前方銃架を装備するが、その他は通常の歩兵分隊と同様である。

　小隊にはSd.Kfz.251が4両配備される。使用可能な場合には、3.7cmPaK36を装備したSd.Kfz.251／10が、重支援火力を追加するため小隊長車として配備される。歩兵分隊車両に通常含まれるものに加えて、各小隊は1個重火器支援分隊を有する。特別な必要に応じて追加の支援部隊も使用可能で、戦争の進展に連れて多数の異なる編成が用いられた。

　これは完全に充足された編成の場合で、実際には装甲兵員輸送車が不足していたので、ほとんどの戦車部隊はすべての歩兵を装甲輸送車で運ぶことはできず、連隊の第1

# カラー・イラスト

解説は46頁から

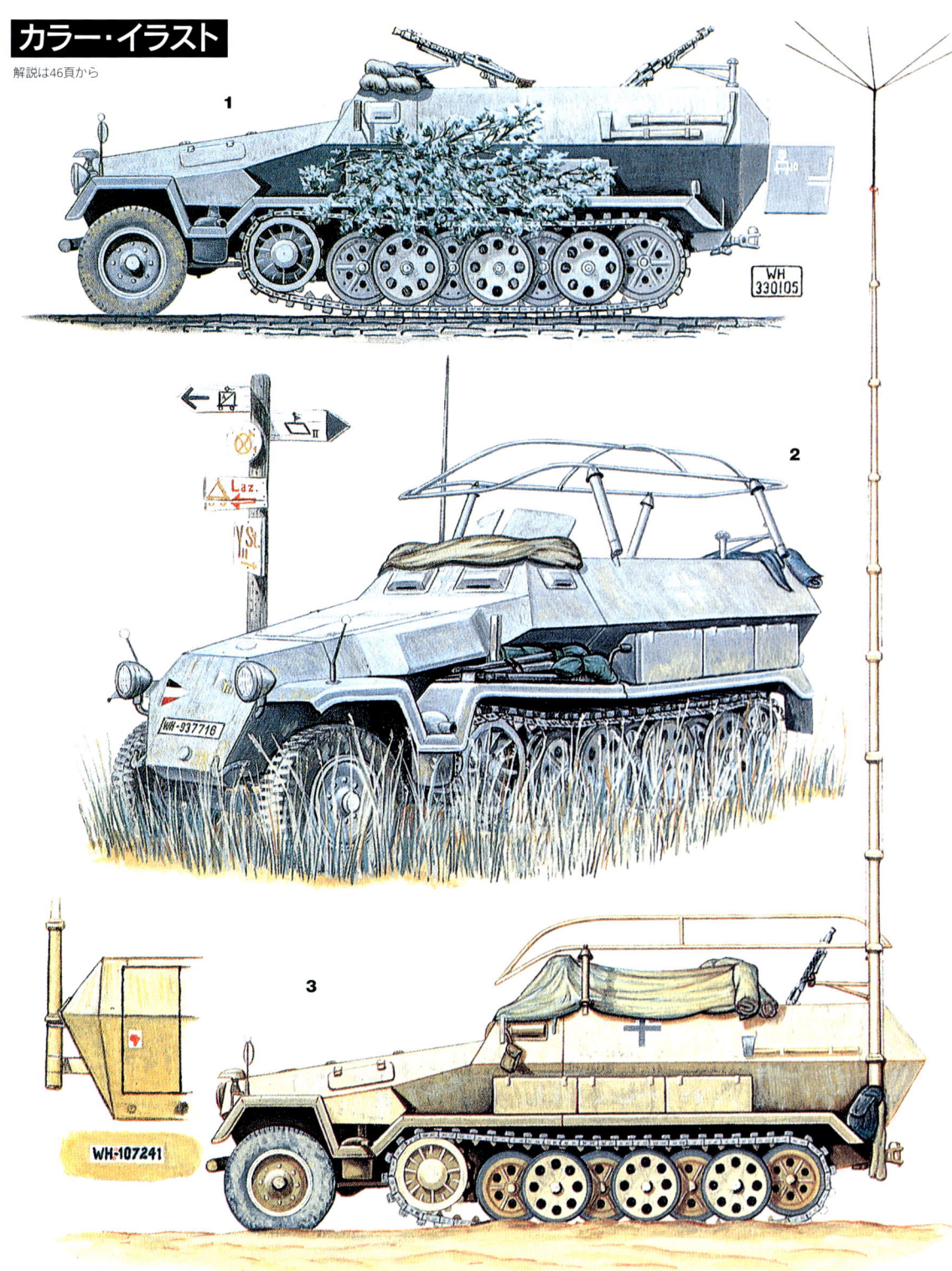

A1：Sd.Kfz.251／1 A型、第1戦車師団第1狙撃連隊第10中隊、1940年フランス
A2：Sd.Kfz.251／6 C型、第9戦車師団本部、1941年ロシア
A3：Sd.Kfz.251／3 B型、ドイツ.アフリカ軍団ドイツ空軍「FLIVO＝航空前進員」、1942年リビア

B1：Sd.Kfz.251／3 B型、第3戦車師団、1942年ロシア
B2：Sd.Kfz.251／1 C型、第24戦車師団、1942年ロシア。前方のM

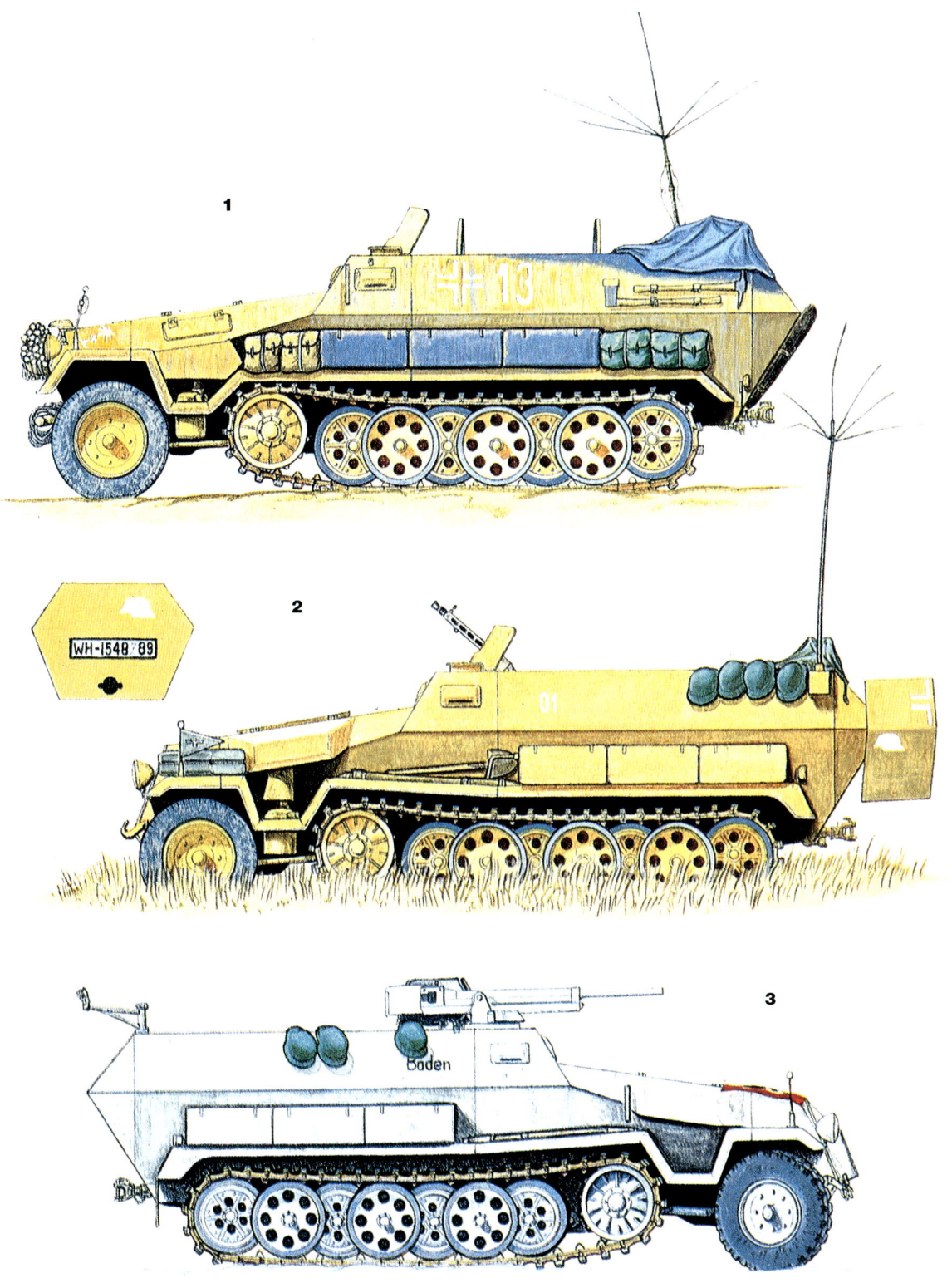

C1：Sd.Kfz.251／3 B型、第21戦車師団ドイツ.アフリカ軍団、1941年リビア
C2：Sd.Kfz.251／6 C型、「グロースドイチュラント」機甲擲弾兵連隊本部、1943年ロシア
C3：Sd.Kfz.251／10 C型、部隊不祥、1943年ロシア北部

図版D:
# Sd.Kfz.251 C型、「グロースドイチュラント」師団

**各部名称**
1：14.5mm厚前面装甲板
2：スターターハンドル装甲カバー
3：灯火管制カバー付き前照灯
4：車幅指示棒
5：つるはし
6：ラジエーターカバー装甲板
7：8mm厚エンジン部装甲
8：エンジン点検ハッチ
8a：キャブレター
9：エアーフィルター
10：マイバッハHL42TUKRM
　　4.141リッター6気筒水冷エンジン
11：無線手前面バイザー
12：防弾ガラス
13：無線手側面バイザー
14：14.5mm厚前面装甲板
15：MGマウント用弾片ガード
16：Fu.Spr.f無線システム用
　　1.4mロッドアンテナ
17：装甲防盾付き7.92mmMG34機関銃
18：操縦手前面バイザー
19：操縦手用操縦ハンドル
　　（逆さになっている）
20：操縦手席
21：兵員用装備収容部〜ヘルメット
22：兵員用装備収容部〜ライフル
23：兵員用ベンチシート
24：後部マウント装備MG42
25：8mm厚後部ドア
26：消火器
27：床下160リッター主燃料タンク
28：予備燃料缶
29：水缶
30：8mm厚上部側面装甲板
31：8mm厚下部側面装甲板
32：ノーテック間隔指示灯
33：雑具箱
34：スターターハンドル
35：方向指示機
36：調整可能誘導輪
37：転輪内外ペア、575／50－（505）タイア
38：転輪中央ペア、575／48－（505.5）タイア
39：車台を貫通したトーションバーサスペンション
40：タイプZgwまたはZpw5001／280／140湿式履帯
41：中央ガイド歯付き280mm幅140mmピッチ踏板55枚
42：起動輪
43：ゴム製履帯パッド
44：エアインテークカウル
45：排気マニュホールド
46：装甲エクゾーストカバー
47：消音器
48：泥よけ
49：前輪
50：7.25－20あるいは190－18タイヤ
51：横置きスプリング
52：2機並列した冷却ファン
53：ラジエーター

**仕様**
製造者：アドラーヴェルケ、アウト・ウニオン、ハノマーグ、シュコダ、MNH、ボーグヴァー
製造数：1941年および1942年に約4000両
乗員：2名プラス歩兵8名
戦闘重量：9,000kg
エンジン：4.171リッター、マイバッハHL42TUKRM 6気筒
出力：100メートルhp／2800rpm
出力重量比：14.75メートルhp／t
接地圧：0.76kg／cm²
全長：5,800mm
全幅：2,100mm
全高：1,750mm
トランスミッション：ZF前進6段後進1段
最高速度（路上）：52.5km／h
最高巡航速度：38km／h
最大航続距離：巡航速度で300km
武装：2×7.92mmMGおよび乗員携行火器
搭載機関銃弾薬：1,425発
超壕幅：500mm
超堤高：2,000mm

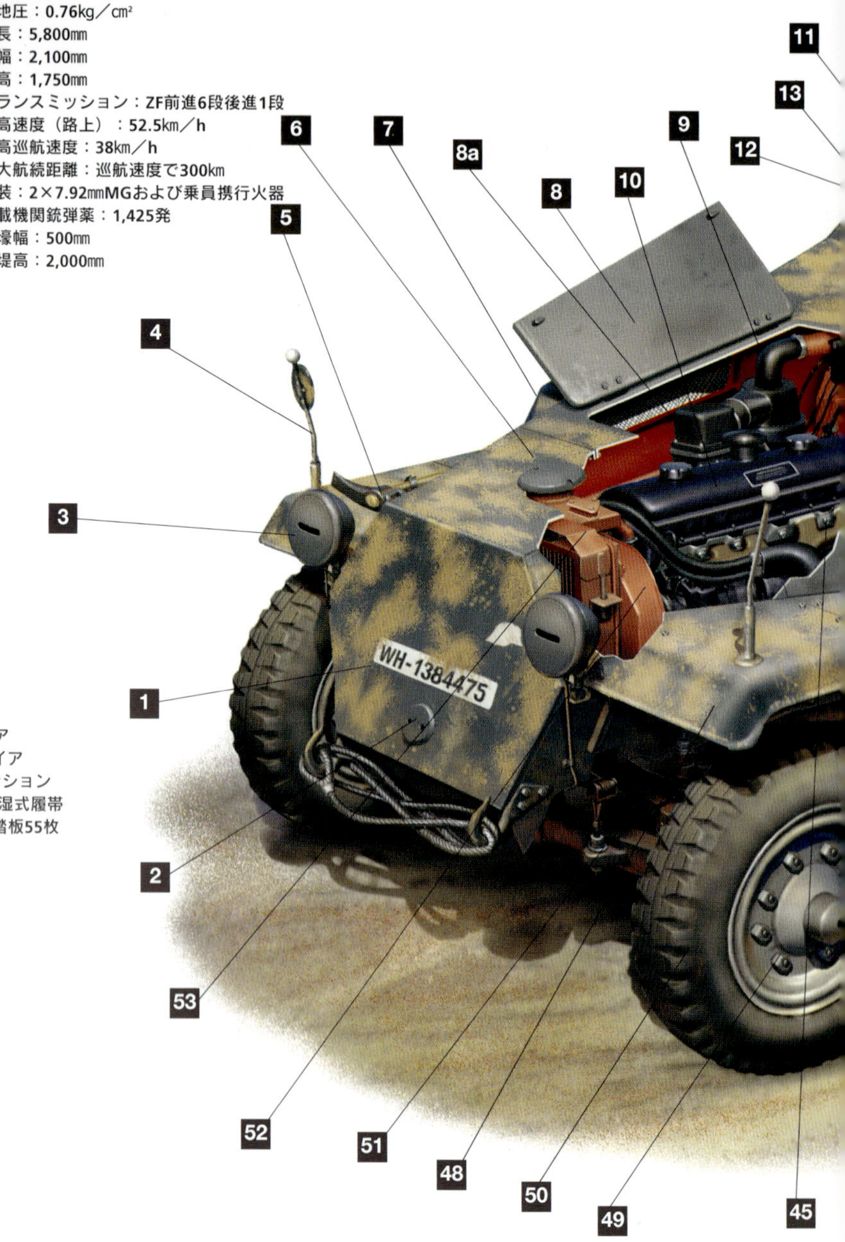

D

E1：Sd.Kfz.251／16 C型、第1戦車師団、1943年夏フランス
E2：Sd.Kfz.251／1 C型、第16戦車師団第64機甲擲弾兵連隊、1943～44年ロシア

1

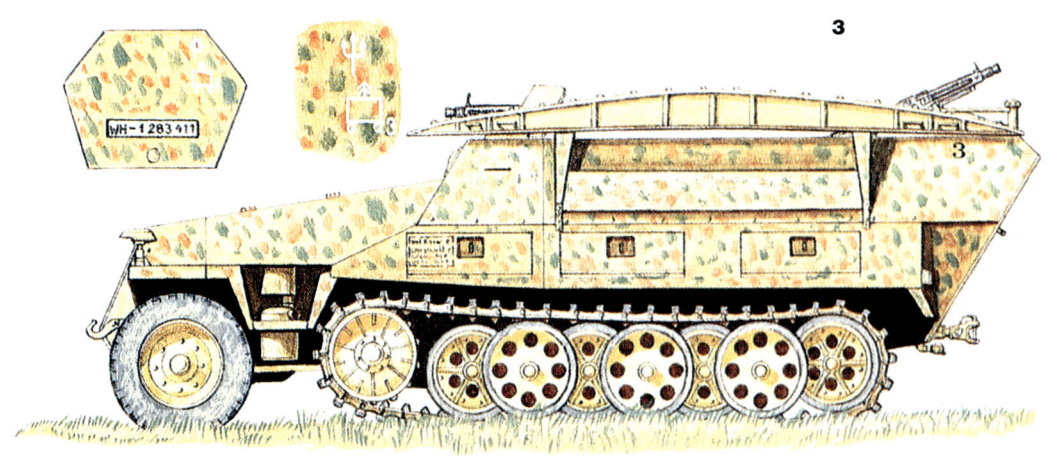

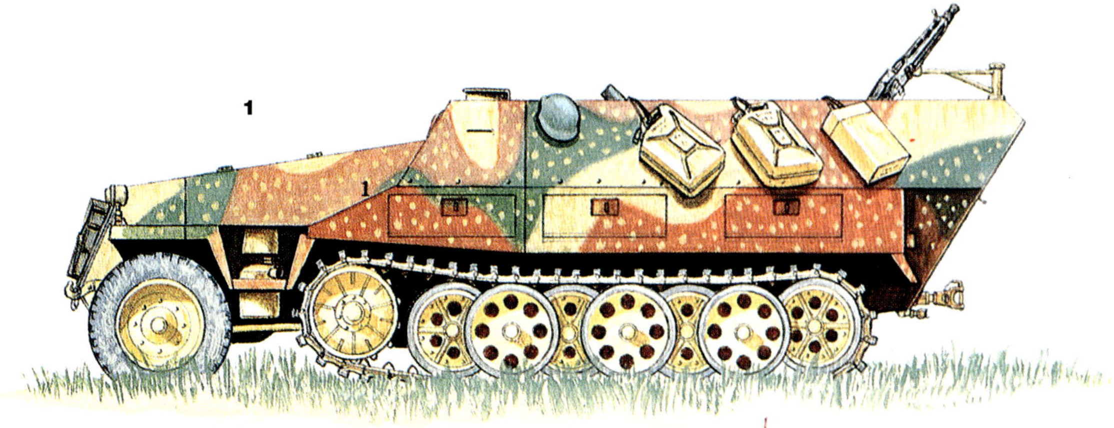

2

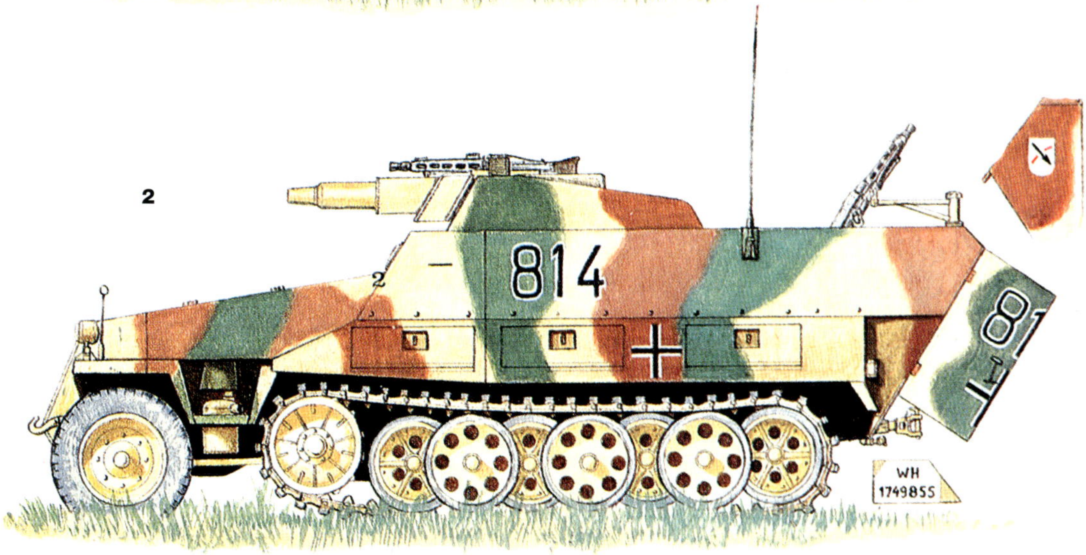


3

F1：Sd.Kfz.251／2 D型、部隊不祥、1944年秋西部戦線
F2：Sd.Kfz.251／9 D型、第20戦車師団、1944年夏ロシア
F3：Sd.Kfz.251／7 D型、第2戦車師団第2機甲工兵大隊、1944年フランス



F

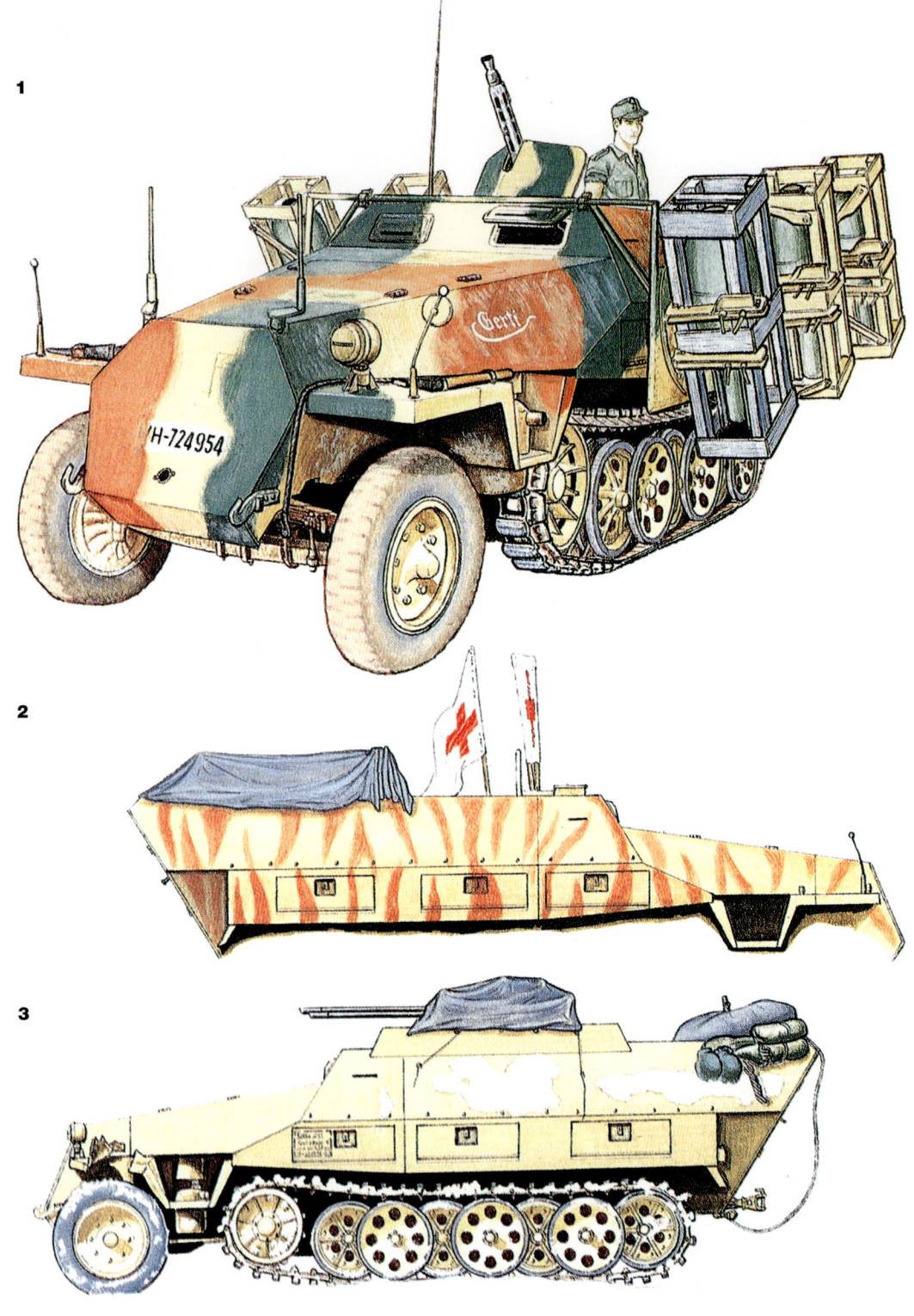

G1：Sd.Kfz.251／1 D型、部隊不祥、1944年春ロシア
G2：Sd.Kfz.251／8 D型救急車、「ヘルマン・ゲーリング」空挺戦車師団、1944年イタリア
G3：Sd.Kfz.251／1 D型、部隊不祥、1945年ヨーロッパ

大隊だけが機甲化を指定されていた。第2（自動車化）大隊はトラックに積載されたが、装甲輸送車なしでは部隊を防護することが難しかったため、前線突破地域では、しばしば予備として控置された。

　戦争初期の統制上の問題は、狙撃連隊が歩兵総監の全体管理下にありながら、そのいっぽうで戦車は戦車部隊の管理下にあったことである。1942年6月、狙撃部隊編制は機甲擲弾兵編成に名称が変更された──主として士気向上のためであった。というのは擲弾兵というのは、帝政ドイツ軍時代エリート部隊であったからである。しかしこの名称変更によって機甲擲弾兵の全管理は機甲総監下に移され、指揮系統が単純化された。突撃砲が砲兵総監の管理下にあり、対空部隊がドイツ空軍部隊に隷属させられていたことを考えると、戦車師団司令官は疑いなく管理上の紛争が減らされて感謝したことだろう。──

　正規の戦車師団を補完するものとして、ドイツはもうひとつの機甲部隊を作り出した。機甲擲弾兵師団である。初期の機甲擲弾兵部隊は多くの場合、既存の自動車化歩兵部隊から改編された。機甲擲弾兵師団は機甲擲弾兵、「装甲化」歩兵部隊2個連隊からなっていたが、まだ各連隊の1個大隊だけがSd.Kfz.251を装備し、他の大隊はトラックを装備していた。正規な戦車師団の戦車連隊とは異なり、通常Ⅲ号、Ⅳ号中戦車を装備した、たった1個の戦車大隊しか存在しなかった。

　機甲擲弾兵師団は、正規な戦車師団を編成するために必要な戦車生産への負担を与えることもなく追加できる機甲部隊であった。後でこれはパンター生産に関して真実となった。というのもパンターの生産はもともとのスケジュールに追いつくことができなかったからだ。Ⅳ号戦車は良い支援戦車であり、その戦争後期の仕様は、同じ条件下で、ほとんどの連合軍戦車に対抗することができた。1942年には60口径の5cm長砲身砲を装備したⅢ号戦車は、まだ非常に有用な車両であった。

　機甲擲弾兵師団は機甲突破任務に最適の編成であった。戦車は「軽量」であったが、ほとんどの敵歩兵と単独の機甲部隊と交戦し圧倒するために十分な機甲戦力を保有していた。戦争後期の防御任務では、彼らは戦車師団の火力を補完し、しばしば緊要な予備戦力を提供した。

　1943年までに、グデーリアンの統率下に、機甲擲弾兵の訓練は新しく開発された戦術を含むように拡大され、戦車と協同した防御機動がより強調されるようになった。それらには反撃中の戦車の支援や敵の開放された翼側の攻撃、重要な防衛拠点の確保、もっとも有利な防衛線の確保などが含まれた。戦争中期は機甲擲弾兵の絶頂期を画した。

　1944年にはパンターG型やⅣ号戦車J型のような、新型兵器や既存の兵器の改良型が導入された。Sd.Kfz.250および251に代わるべく設計された新型装甲兵員輸送車のより野心的な生産計画は、次第に遅延し、やがて放棄された。こうして最終生産型であるSd.Kfz.251 D型は、フランスを通り抜けて後退した1945年の最終的敗北まで機甲擲弾兵が搭乗する車両となった。

　1944年が過ぎるにつれ、物資の不足と昼間活動が大きく制限されてきたのが合わさって訓練の効率が低下した。加えてロシアと、それよりは少なかったがフランスでの人員のひどい損失のため、陸軍ではその損失をできるだけ多くの徴兵者で補うために訓練期間と訓練水準を低下させた。1945年までに訓練は1942年時点に比べると非常に大ざっぱなものとなった。

　多くの訓練学校では、できる限りの高い水準を維持しが、燃料、弾薬、車両そしてその他不可欠の補給物資の欠乏により、不可避的にその訓練の質は低下した。前線部隊

の中に歴史があり練度の高い部隊はほとんどなくなり、そうして新しく訓練された徴兵者は、しばしば前線で戦いながら戦闘の経験を学び取らなければならなかった。

いくつかの戦車師団と機甲擲弾兵師団は、1945年にもかなり良好な人員、装備レベルで残存したが、多くの部隊は非常に高い損耗を被り、多数の機甲擲弾兵部隊はトラックに立ち戻り、戦車さえ輸送に使わなければならなかった。Sd.Kfz.251の生産は、すべての需要を満たすほど十分ではないうえに、1945年初めには占領国とドイツの工場が爆撃され、連合軍に占領されるにつれ、さらに落ち込みはじめた。

ほとんどのドイツ軍部隊の車両の定数は1944年と1945年に減少したが、一般に部隊は減少した数の車両すら受領しなかった。1945年春には、1ダースかそこらの戦車とおそらくその2倍の装甲兵員輸送車が、戦車あるいは機甲擲弾兵師団の全装甲車両であるようなことも異例ではなかった。燃料の不足はしばしば、数量の減少よりも機甲部隊の効果的な使用を制限した。

Sd.Kfz.251／8は装甲救急車で、一部は目的に合わせて製作されたが、他は野戦でこの仕様に改修された。この例では全体のグレーの塗装に、薄い埃と泥がすでにこびりついている。1943年春、チュニジアで第501重戦車でティーガー戦車とともに運用された車体である。後部のラック上の2つのサンドイエローのジュリ缶には白の十字が描かれているが、これは水が入っていることを示している。

tactics:assault

# 戦術：攻撃

戦車師団の運用した戦術は、巧妙に考え出されたもので、最適な状況下──良好な準備、奇襲要素、戦車によって勝ち取られた利益を活用できる十分な装甲兵員輸送車に乗った機甲歩兵──では効果的に発揮された。より重要なのは戦争のほとんどで、これらの戦術は、通常理想的ではない条件下でも働き、場合によっては、ぞっとする状況

1943年ロシアにおける、251 C型ハーフトラックの車列。手前の車体は、3.7cm対戦車砲を装備した、小隊長用251／10の後期型である。後期の車体からはほとんど防盾は取り除かれており、砲手を防護する砲尾の左側の低い帯だけが残されている。車長は双眼式照準望遠鏡を使用し、直接砲火に身をさらさないようにしている。

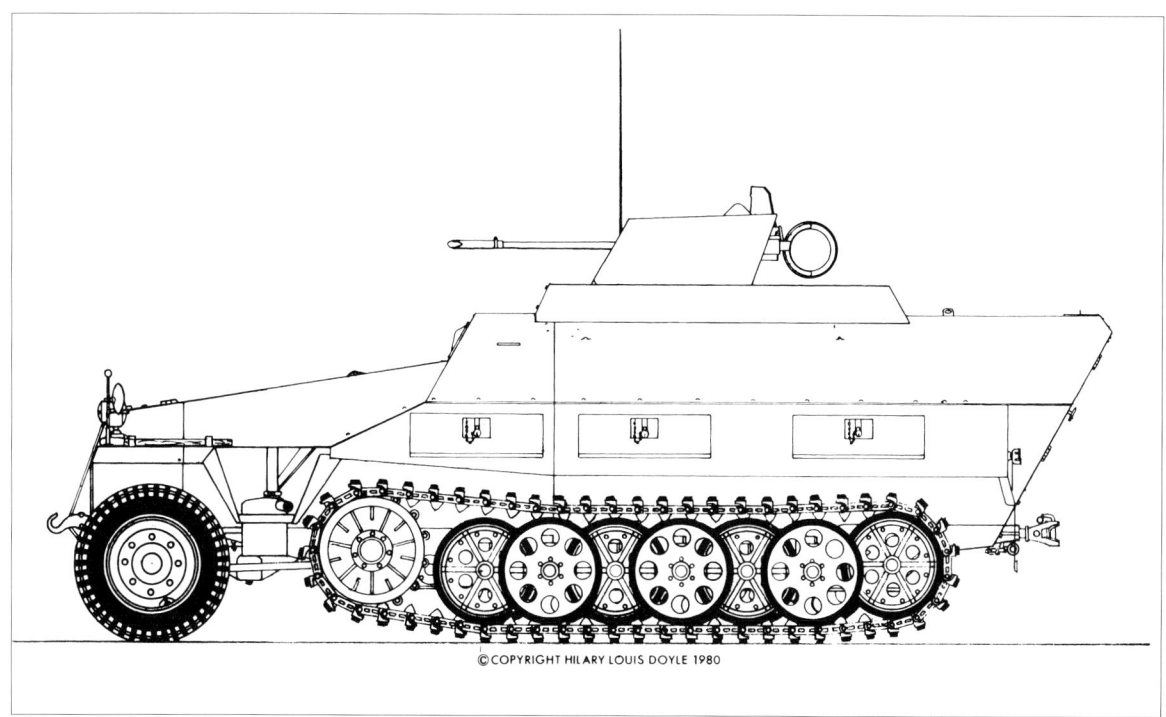

装甲兵員輸送車
(3連装MG151S)(921機材)
Sd.Kfz.251/21。
(©H. L. Doyle)

下でも成功するほど、十分柔軟で効果的であった。彼らが失敗する場合その理由は、通常敵のとくに航空援護と調整された強力な抵抗であった――これは人員と資材に重大な損耗をまねいたので、戦車師団はもはや彼らの指令された任務を遂行するために十分な戦力を持たなかった――。

　装甲兵員輸送車はでき得る限り戦車に近接して行動するので、戦車の基本戦術は必然的にSd.Kfz.251運用の議論に含まれることになった。前記の理想的条件下では、装甲兵員輸送車は協同部隊の一部であり、多くの点で協同部隊の一部以上の存在であった。

　戦車と機甲擲弾兵師団の基本戦術目的は、敵の前線の弱点に、積極的に行動する十分な数の戦車と支援部隊を集中し、敵の戦線を突破し強力な地点と集中した部隊を包囲するよう展開し、増援の戦車部隊と支援部隊を増援しながら進み、敵の後方支援地域や前線のその他の地域で攻勢を繰り返す機動ができるよう、通過できる回廊を敵の戦線に開放し続けるようにすることである。

　攻勢における最初の行動は戦場偵察である。機甲偵察大隊は、戦車あるいは機甲擲弾兵師団の地域偵察の任を負う。装甲車、ハーフトラックその他の車両を使用して、偵察隊は敵陣地を探り敵部隊を観察する。彼らはまた機甲部隊の前進に適した地形、砲兵および対戦車砲の配置の標定、そして小流の渡渉地域あるいは、攻撃時に架橋または突撃舟艇を発進させるのに適した地点の標定の任を負う。※3

　突撃時における協同部隊の使用が、ドイツ軍の戦術の秘訣である。早くもポーランド戦役でドイツ軍は効果的に構築された対戦車防衛陣地への直接的な戦車の突撃は大きな損害をもたらすことを学んだ。後の出来事によって、戦車の大部隊でさえ対戦車砲の抵抗に直面した場合は、突撃砲兵と機甲擲弾兵の援護がなければ、突破はできないことが示された。こうして機甲擲弾兵の機動力と装甲防護が、攻撃中に歩兵が戦車のペースに合わせて行動できるようにでき得る限り改善された。

※3：詳細についてはヴァンガードシリーズ Vol.20「ドイツ装甲車両と偵察用ハーフトラック1939～1945」参照。

251／7の乗員が緊急出動の訓練をしている。本車は2cm Flak38対空砲を、すばやく旋回できるように油圧で開くことができる側面を持つ。拡大した車体に搭載するため、C型基本車体から空軍仕様に大きく改修されている。このバージョンはごく少数が製作された。わずか10両の対空ハーフトラックと2両の指揮車だけが完成したと考えられている。写真の状況は「ヘルマン・ゲーリング」対空連隊第2大隊で運用されている状況を示したものである。

攻撃にはいくつかのタイプがあった。側面攻撃、正面攻撃、包囲（側面と正面攻撃の結合）、翼側（敵の主正面陣地の終端を衝く）および全周包囲である、これは主力攻撃部隊が敵陣地を側面から迂回し、後方をぐるりと一掃して敵を準備された陣地から追い出し防御を粉砕するのである。しかし地形や敵の配置、そして攻撃に使用可能な戦力といった多数の要因により、これら攻撃計画のすべてで同じ戦車／歩兵戦術が使えるわけではなかった。戦車は前線陣地の突破と敵砲兵および司令部の攻撃を意図した。歩兵は戦車を支援し、そしてとくに敵対戦車兵器を破壊した。敵戦車はドイツ軍対戦車砲、攻撃する前線部隊では通常は自走式である、によって対処された。

攻撃の先鋒となったのは戦車連隊（あるいは機甲擲弾兵師団の場合は大隊）であった。戦争初期には、攻撃の標準的形態は3つの波を構成していた。そこにはバリエーションがあったが、基本戦術は一貫していた。第1波は機動の第一線となる戦車で構成されていた。一般に使用される隊形のひとつは「鋭い楔型」であった。この前進隊形では大隊の2個戦車中隊は横陣をなす。各中隊はおよそ450から500mの前線をカバーするように広がり、両者の間にはおよそ200から300mの間隔を置く。大隊本部は先導戦車の約500m後方にあり、第3、第4中隊は予備として、大隊本部の背後に伍をなして（あるいは二重に伍をなして）続行する。最後尾の戦車は、本部部隊のおよそ900から1000m後方である。

先導戦車中隊は敵前線で前進し、砲兵および対戦車砲防護陣地を突破する。もし抵抗が激しくなったら、先導中隊はそれを迂回するか、大隊長は予備中隊により戦車を増強する。戦車の前進は、いつでも可能とあらば地形を隠蔽に使いながら、段階的に進められる。後方梯団は前進部隊に火力支援を行う。先導戦車が良好な射撃位置に前進したら、彼らは後続戦車が前方位置まで前進する間に、彼らに対する支援射撃を行う。この「交互前進」は戦争を通して戦車前進の標準戦術であった。

第2波は第1波に火力支援を与え、第1そして、または第2戦車大隊からなる戦車部隊

に、Sd.Kfz.251に乗車した機甲擲弾兵の数個中隊が随伴する。第2波は随行する歩兵の前進を遅滞させる敵の生き残った対戦車陣地、重歩兵支援火器、そして敵機関銃を攻撃する。

　第3波は残った2番目の戦車大隊の戦車と残りの機甲擲弾兵から構成され、第1波によって得られた勝利を確保し、攻撃で迂回された抵抗拠点を一掃し、攻撃の進展にともない先導部隊に予備を提供する。第1波、第2波が機甲歩兵なのにたいして、第3波の機甲擲弾兵のほとんどはトラックに乗った自動車化歩兵であった。

　実際の前進中は、機甲擲弾兵中隊の装甲兵員輸送車は、戦車の後方100mから150mに留まる。装甲兵員輸送車は、敵の前線対戦車火器や戦車駆逐歩兵にたいして支援火力を指向し、戦車にたいして戦車の大口径火砲の追加目標を示す。翼側地域では突撃砲もしくは自走砲が、戦車の支援と防護にあたる。必要な場合機甲擲弾兵は突撃砲にも随伴し、戦車駆逐チームもしくは隠蔽された対戦車火器にたいする援護を与える。

　機甲擲弾兵の実際の戦術は地形と目標による。開けた地形では、砲兵の榴弾および、または発煙弾による援護と火力支援を使用しながら、でき得る限り早く通り過ぎる。もし可能な場合、機甲擲弾兵は、十分敵に接近して下車し、歩兵として攻撃できるまで車両に留まる。装甲兵員輸送車は車載機関銃で火力支援を行う。より隠蔽物の得られる地形では、装甲兵員輸送車の小隊は、お互いに防護位置をとり、先導、追従部隊がそれぞれ火力支援を与えながら段階を踏んで前進する。森や川床のようなあらゆる自然の隠蔽物は防護に使用され、すべての試みは直射にさらされる開けた地形を避けて行われる。

中型火炎放射装甲兵員車
(Sd.Kfz.251／16)。
(©H. L. Doyle)

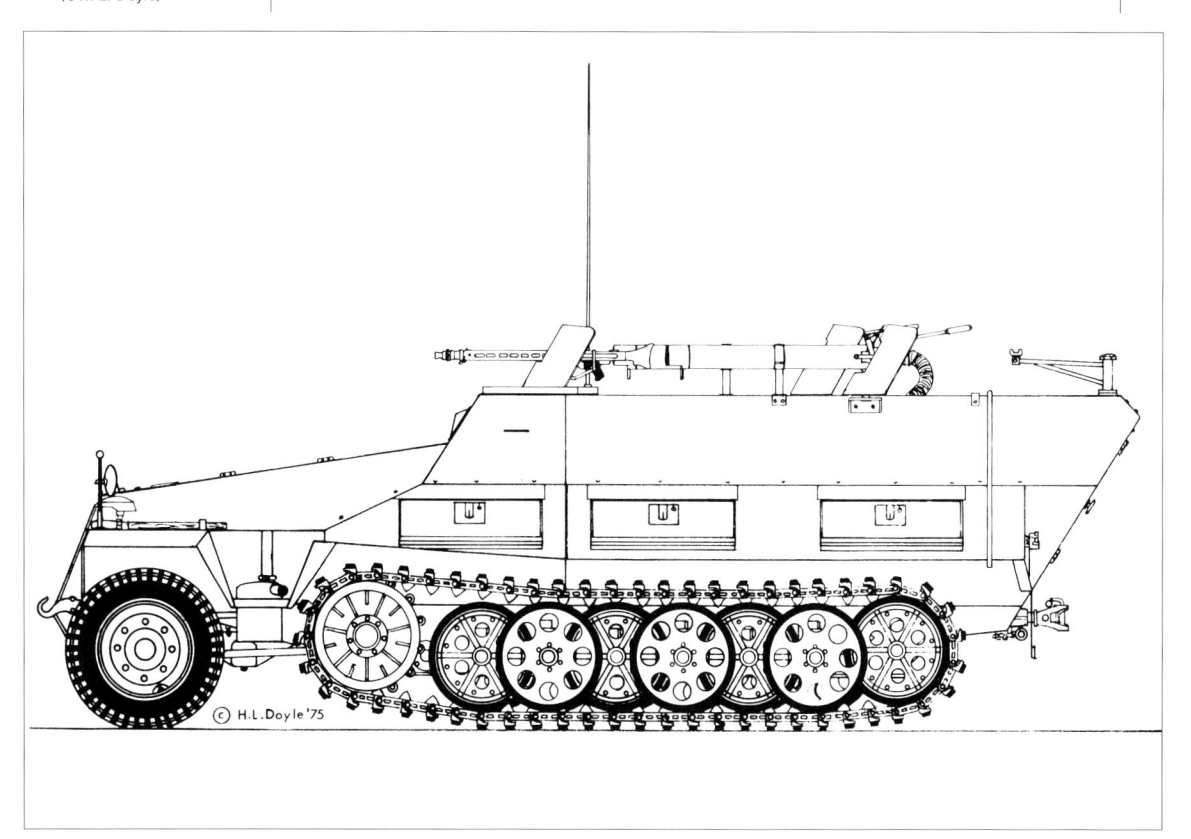

強力な対戦車防御陣地、あるいは大きな対戦車障害物が存在する場合は、機甲擲弾兵が戦車の前に立って攻撃を先導する。Sd.Kfz.251は対戦車火器には非常に脆弱であるが、多くの場合敵射手はできうる限り長く射撃を控える。それは射撃することによって敵陣地が暴露されてしまうからである。戦車は装甲兵員輸送車の数百m後方に留まり、発見されたあらゆる敵陣地を射撃する。

良好な防護下で急速な前進が可能な状況では、機甲擲弾兵は比較的少ない損害で敵対戦車陣地を一掃することができる。開けた土地を横切る際は、戦車と装甲兵員輸送車はより暴露されることになるので、しばしば戦車は、より効果的な援護を行うため、ハーフトラックの背後により接近して（100から200m）機動しなければならない。戦車に先行して敵陣地を攻撃する場合には歩兵の損失は増大するが、この戦術はドイツ軍戦車が、攻撃の浸透と突破時に自由な機動をするために基本的なものであった。

敵対戦車部隊が無力化された後、戦車と機甲擲弾兵はひとつの突撃波となっていっしょに前進する。歩兵はできるだけ長く装甲兵員輸送車に搭乗し、個々の抵抗拠点を撃破するときに下車する。機甲擲弾兵の重支援火器——迫撃砲および軽砲兵機材——は、すべての新しく発見された敵対戦車火器あるいは砲兵にたいして砲火を浴びせる。攻撃のこの時点での機甲擲弾兵の主要な任務は、攻撃第1波から生き残った敵陣地の掃討と、機甲部隊の後方の防御である。

側面からのD型のもっともはっきりした特徴は、車体後部とドアが初期型の「傾斜した」形状から一枚の下が削れた平面になったことである。赤の「224」の車体番号に注目。1944年半ば、グデーリアンは、戦車の砲塔に描き込む番号の制度を、すべての車両に採用していた。このハーフトラックは、ダークイエローの上にグリーンおよび、あるいはブラウンで、火炎状のカモフラージュが施されている。本来は連隊の第2中隊2小隊に所属している。

tactics:defence

# 戦術：防御

ドイツ軍のドクトリンでは、アメリカ陸軍同様、防衛行動の目的を反撃の準備、あるいは新しい攻勢の準備のために部隊を編合する時間稼ぎと見なしていた。このためドイツ軍の防衛戦術のおける最大の要点は、敵の攻撃前進を停止させることであり、もし可能であればすぐに反撃をして敵の攻撃を徹底的に粉砕し、攻撃部隊を撃退することであった。有利な状況下で適切に運用されれば、この戦術は新たな攻勢の成功や、敵軍の潰走にさえつながる。

しかし1943〜44年を

D型の後方ヴュー。履帯ガードとして働いている雑具箱と突き出したT型ドアロックハンドルに注目。平面のD型のドアはロックをしないと閉まったままにならなかった。このハーフトラックの写真は1944年夏にノルマンデイで撮影されたもので、師団マークは消えているが、おそらく第2戦車師団のものである。

1944年夏、ブダペストで見られた2両のD型。1両の251／3は、工場で塗装されたイエローに、グリーンとブラウンを目立つ重なり合ったパターンで仕上げている。本車には後期型の「カラスの足」型無線アンテナが装備されている（＊）。下の251／6は「カラスの足」型とフレームアンテナの両方が装備されているが、イエローの上にもっとあいまいで乱暴に2色が吹き付けられている。泥よけ上の黒と白そして赤の軍団指揮旗に注目。
（＊訳注：日本ではドイツ語の「シュルテルン」直訳したスターアンテナないし傘型アンテナと呼ばれることが多いようだ。）

通して戦争が長引くにつれ、人員と装備の不足は必然的に防衛戦略と戦術を見直させた。以前よりも要塞化、地雷原そして対戦車砲が強調されるようになった。

1942〜43年型の大規模機動部隊による強力な反撃から、大掛かりな反撃につながるものより敵の戦力を低下させるための、地域的なり小さな目標が指向されるようになった。

主要抵抗線は、地域の地形に合わせて、通常徹底的な偵察が行われた後にのみ決定される。しかし1944年には、ドイツ軍の武運が低下していく現実によって、防衛陣地の基本作業はできうるかぎり急いでやっつけなければならない状況に追いこまれた。このため偵察は特別な強化陣地や拠点の詳細な情報を追加するだけになり、指揮官はすべての偵察を完了する前に防衛線を構築しなければならなかった。

主抵抗線の前面5,000〜7,000mに前進陣地は構築される。通常機動装甲部隊——偵察隊、装甲車およびハーフトラック小隊、機関銃そして対戦車砲——は、前進陣地に配置される。彼らは十字路や橋、鉄道そして高地といった重要な地形上の特別な点を占領し支配する。彼らの主要任務は、敵の行動を報告し、敵に主抵抗線の位置を誤らせることである。これらの部隊は彼らの陣地をあらゆる犠牲を払って保持することはなく、ドイツ軍の中口径砲の援護下に主陣地線に後退する。

ドイツ軍戦術の柔軟な本質によって、Sd.Kfz.251の機甲擲弾兵はしばしば他の分遣隊を増援するため前進陣地に展開させられた。地形と防衛するドイツ軍部隊の規模に応じて、機甲擲弾兵の小隊、中隊さえもが前進陣地に配置された。彼らの主要任務は防衛陣地に配員し、斥候を送ってできるかぎり多くの敵陣地を標定するよう試みることである。彼らはまた前進陣地で敵の攻撃時に追加の火力を提供し、主防衛陣地への後退時に後裔を勤める。

観測所は主陣地の前方およそ2,000から5,000m前方に構築され、ひとたび前進陣地が放棄されたら、観測所だけが主抵抗陣地線の前方にある唯一の陣地となる。機甲部隊の観測所には、通常自動車化連隊の機甲擲弾兵が配兵され、偵察隊と歩兵支援火器に援護される。1944年までにほとんどの偵察部隊は、7.5cm24口径榴弾砲を搭載した

Sd.Kfz.251／9ハーフトラックを装備した重支援中隊を保有していた。これは前進および観測所に火力支援を与える。観測所には、展開する部隊のために十分な隠蔽物が得られ、火力が発揮できる良好な平地で、撤退のための安全な経路が得られる場所が選ばれる。部隊は一般的に森の端や、村や茂みの中そして丘の上に陣地を構築する。

観測所の部隊は、敵の戦力を殺ぎ敵軍の情報を獲得するために意図された小規模な地域的攻撃を支援する。観測所の部隊が敵の攻撃の圧力で撤退したときは、彼らの旧陣地は注意深く標定された砲兵、迫撃砲そして機関銃射撃によって、敵部隊による奪取と占拠を防ぐために一掃される。

主抵抗線では、防衛陣地は注意深く選定され縦深を持たされる。小隊強化点は中隊強化点に組み込まれ、さらに同様に前線の最大部隊に組み込まれる。ほとんどの防衛陣地は丘あるいは起伏した地形の反斜面に配置される。前方の斜面はあまりに脆弱で、直射重砲兵火力に早期に暴露されてしまう。

機甲擲弾兵部隊は、事前に準備された陣地では彼らの車両を完全に隠蔽することができた。時間と資材が限られている場合には、通常密生した森への展開は行われない。というのは森にこもるのは機動力が減少し、視界が悪いので、より多くの防衛戦力が必要だからである。

しかし時間が許せば密生した森が利用される。それは十分な隠蔽物によって、反斜面の敵から隠蔽された陣地に入るのと同様の利益が得られるからである。しかし機動部隊はしばしば隠蔽物として森の端を使用し、装甲兵員輸送車は偽装の助けとして繁茂した茂みを利用する。これは連合軍が航空優勢を獲得するにつれ、とくに北西ヨーロッパではより重要になっていった。

都市地域――村、町や都市――では、偽装は同様に重要であった。できるだけ多くの車両が、森、生け垣、良好な地形上の特徴、しばしば多くの偽装網や小枝、干し草そして他の資材が、隠蔽物として使用されて隠された。建物に隠された車両―― 一般に戦車あるいは自走対戦車砲――は、偽装防護を追加するためしばしば周囲の建物の一部も使用された。

1944年には北西ヨーロッパでのドイツ軍地上部隊に効果的な航空援護を与えられるドイツ空軍の能力がなくなっていることが認められた。ほとんどの車両の移動は夜だけ行うことができた。昼間の移動は危険であり、通常ではない方法が必要であった。大規模な小枝の偽装が実用的な方法として採用され、ほとんどの軍用路には、通常木々や茂みの陰に、何百もの退避所が点々と並べられた。いくつかの道路では、駐車した車両の履帯や走行装置を覆うため、緊急用にあらかじめ切断された小枝が積み上げられさえした。

実験的なドイツ空軍の対空Sd.Kfz.251の、Sd.Kfz.251／17およびSd.Kfz.251／21は、すべての機甲部隊に戦術的な対空防護を提供しようと試みた。しかしいくつかの理由で、すべて失敗に終わった。ドイツ空軍の車両はあまりに高価で、わずかに試験的な数が製作されただけだった。Sd.Kfz.251／17は不十分な火力であったし、Sd.Kfz.251／21――もっとも効果的なバージョンであった――は、他のドイツ軍対空車両と同様に、ほとん

1944年イタリアにおける、「ヘルマン・ゲーリング」師団の251／8 D型救急車(これはイラストG2のモデルとなった)。

アバディーン試験場に展示されている車体の写真。この251／9 D型は、第2戦車師団機甲偵察中隊のハーフトラックの正しいマークが残されているようだ。しかし通常偵察大隊は4個中隊しか保有していない。7.5cm24口径榴弾砲の背後の高さのある固定前方防盾が興味深い。無線機は通常は右側前方座席の前にあるが、乗員が榴弾砲を運用できるように、左側後部壁面に移動し、アンテナマウントもそれに合わせて移動している。

のヨーロッパ上空で意のままにうろつく連合軍戦闘爆撃機のに群れによって圧倒された。アメリカ軍の5インチおよびイギリス軍の60ポンド対空ロケット弾は、アメリカ軍戦闘機の50口径（12.7mm）ブローニングより強力な2cmMG151の火力に対抗するために非常に効果的であることが明らかになった。

効果的な航空援護を失ってさえ、ドイツ軍は効果的な防御をなすことができた。ドイツ軍は彼らが攻撃に適用するのと同じ原理を防御にも適用した。防御への主な努力は敵の攻撃部隊の集結地点に向けられた。とくに観測所と偵察部隊は、敵を継続的に観測射撃の砲火の下においた。敵が突破しようとするところではどこでも、砲兵射撃が前進を追い敵の先鋒部隊を撃破しようとした。

Sd.Kfz.251に乗車した機甲擲弾兵は、通常反撃のための予備に留め置かれ、前進防御陣地には自動車化機甲擲弾兵部隊が配置された。反撃は、初めからの積極的な攻撃のように進められ、敵の衝力を止め、もとの戦線に引き返させることを狙っている。即行の反撃は敵の突破点にたいして、敵部隊がそこを保持してその戦果を確保するのを防ぐために向けられる。装甲兵員輸送車は戦車の後方、または随伴して前進するが、戦争が進展しまた不足が厳しくなるにつれ、こうした反撃はより小規模でより地域的なものになり、しばしば突撃砲や自走砲が使用された。戦車は多くの部隊で補充が不足し、大規模な反撃のために控置しなければならなかった。

戦争のほとんどで、ドイツ軍機甲部隊は、隠蔽された対戦車砲や歩兵に対して、戦車や装甲兵員輸送車は脆弱であるため、重防御地域は避けるように努めていた。Sd.Kfz.251はオープントップであるため、とくに脆弱であった。しかし場合によっては強化陣地に偽装して配置され、火力支援または機動観測所あるいは指揮所として使用された。

しかしドイツ軍部隊が防勢となるにつれ、町や都市は優れた要塞防護陣地となってい

った。戦車と装甲兵員輸送車は防御された都市では戦闘車両としては不効率と見なされたが、それらは埋設された砲および観測所として使用された。戦車、突撃砲そして装甲兵員輸送車の分遣隊が、敵の町への突破に対して奇襲反撃のために編成された。もっと大きい同様の機動予備戦闘団は、大規模反撃のために控置された。しかし一般にほとんどのドイツ軍戦車と装甲兵員輸送車は、要塞地域の外に予備として留め置かれた。これは彼らの攻撃に対する脆弱さを減らし、それらに野戦での機甲運用の成功のために重要な機動の自由を与えるものであった。

　Sd.Kfz.251 D型の導入とアルベアト・シュペーアの指揮下での軍需生産の拡大によって、装甲兵員輸送車の使用可能数は増加し、一時的にSd.Kfz.251はドイツ軍機甲部隊でもっとも数の多い装甲車両となった。同時に、年々戦車の編成定数が減らされる機甲部隊の火力を増強させる追加的な試みも行われた。

　7.5cm24口径榴弾砲を搭載したSd.Kfz.251／9は改良型に交替されたが、これらは標準型装甲兵員輸送車から容易に改装でき、現地改造型も製作され、通常の補給経路によっても配備された。なお必要な作業工程が大きく削減されたので、これらの支援車両は非常に容易かつ安価に製作された。

　自走対戦車砲の継続的な不足のため、Sd.Kfz.251が7.5cmPaK40の搭載に使用され、偵察大隊に配備された。／22モデルは少数の部隊に引き渡されただけで、その穴埋めには短砲身の7.5cm24口径榴弾砲を搭載した初期の／9が配備された。Sd.Kfz.251／22はある程度過積載であったが、通常の偵察部隊が配備された典型的な前進防御陣地での待ち伏せには非常に有効な兵器であった。

　／22はかなり車高があったが、多くの自走PaK40砲架よりはかなり低く、本車は短砲身榴弾砲を装備したSd.Kfz.251／9よりはるかに強力であった。敵戦車への発砲は、目標の迅速な撃破を確実にするため、しばしば戦車がわずか300mに迫るまで見合わされた。もし必要とあらばPaK40は、戦車と1,500mかそれ以上の距離でも交戦できた。この長距離射撃能力は、これら対戦車車両のより柔軟な配置を可能にした。

serviceability

# 運用性

　主走行装置の複雑な設計のため、メインテナンスの必要性は増加した。履帯の履板は、ニードルベアリング入りの鉄製ピンで接続され、各々の踏板はベアリング用の潤滑油溜を持っていた。とくに潤滑の程度は各々の踏板毎に定期的に確認された。砂または泥が漏れた潤滑油やグリースと交じると、すぐにシールや履帯ピンを損傷させる研磨材となるため、可能なら漏れはあらかじめ補修しなければならなかった。

左と右頁●エル・アラメインの戦闘中、放棄された8.8cm砲を捕獲した回収部隊。退却した敵が残したものであるが、まだ運用可能であり反撃によってドイツ軍の手に渡るのを防ぐため戦場から除去されなければならない。

訳注21：車体前端にウインチに代えて装備されていた。

前輪軸と前輪はアメリカ軍のハーフトラックの駆動する前輪軸ほど頑丈ではなく、動力軸を欠いていたことはいくらかの不整地機動能力を減少させた。一部の操縦手は傾いた操縦ハンドルを扱いにくく感じたし、視界は──ほとんどの装甲車両がそうだが──バイザーを完全に開いたときでさえ望ましいとは言い難かった。

マイバッハHL42エンジンはSd.Kfz.251にはいくらか出力不足であった。ただしアメリカ軍M3ハーフトラックとの試験では、この出力不足はほとんどの状況下で致命的なものではなかった。M3ハーフトラックは、一般的に路上と平らあるいは多少起伏のある地形では優れていた。より荒れた地形の走破、とくに規模の大きな壕や荒れた川堤では、Sd.Kfz.251の、より洗練されたサスペンションが勝っていることが証明された。

多くの連合軍のM2／M3ハーフトラックにはローラーが取り付けられていた [訳注21]ので堤を越えるには有利であったが、Sd.Kfz.251は隆起した地形でも、より擱座しにくかった。これは車体長の3／4の長さにおよぶ履帯によって、全車両重量が支えられていたからである。戦争後期に一部のSd.Kfz.251には、ゴムパッドのない全金属製履帯が装着された。不整地での使用には効果的であったが、これは舗装道路上ではひどい振動をもたらし、もともとの履帯に交換された。

いささかぼんやりしているが、戦争後期の251に描かれた部隊マークの興味深い映像である。これはノルマンディのSS第12戦車師団「ヒトラーユーゲント」の、厳重にカモフラージュされたD型の、前方および後方ヴューである。両者共にイエローの上にグリーンおよび、あるいはブラウンで斑のはっきりしたカモフラージュスキムであり、たくさんの小枝が取り付けられている。白の師団マーク──柏葉の上の盾に入った交差した「ディートリヒ」の鍵とシグルン──が前部、後部右側に見える。前方ヴューでは先端左側に機甲通信大隊の戦術マークが示されている。このハーフトラックは後部車体角に2つの「カラスの足」アンテナが装備されて、エンジンフードは対空識別旗で覆われている──これは1944年のノルマンディでは不適切に思える。251／7の後方ヴューでは～橋部分に注目──白または暗い赤の「440」の車体番号が描かれている。本車はMG34のまま──ほとんどのD型はMG42を装備していた──となっている。

ロシアでの戦争は新たな問題をもたらした。すべてのドイツ軍車両は寒さの影響を被った。エンジンオイルは、硬質化し、その後で凍りついた。ギアボックスは堅く固着し、そして転輪のベアリングは凍りついた。これら──そして別の──問題の解決策を作り出すために多くの精力が費やされた。

エンジンクランクケースを暖めるため、ヒーターや小さな焚き火さえ使用することが広がり、多くの車両に凍結と故障したコンポーネントに対処するために、トーチランプが装備された。エンジンが暖まるまで、濃い油がうまく潤滑されなかったため、エンジンの損耗が激しくなった。冷えた金属部品はより簡単に壊れやすくなり、堅い潤滑油のため大きな負荷がかかった。

挟み込み式転輪を持つ標準型ハーフトラックを使用する多くの部隊は、走行装置に残った雪と氷が夜の間に堅く凍りつき、乗員が朝動かそうとするとき、履帯を破壊させ、車両を擱坐させる結果となることを学んだ。挟み込み式転輪の設計はまた、旋回中や荒れ地を横断中に横滑りを招いた。信頼できる性能を確保するためには、整備をかなり定期的に行わなければならなかった。

トランスミッションと最終減速機部分は、戦車の動力装置を単純化したものといえ、クラッチおよびブレーキ式操向装置は、M2／M3ハーフトラックの単純なトラック式差動機よりも頻繁に調整と整備が必要だった。

北アフリカの砂漠や、暑く埃っぽいロシア南部の平原では、追加整備が必要となった。第一の問題は適切な冷却能力を欠くことであった。しかしSd.Kfz.251の冷却システ

1944〜45年の東部戦線で7.5cm PaK40を牽引する、SS第5戦車師団「ヴィーキング」のSd.Kfz.251／4 D型。多くの部隊で自走火器の不足により、戦争の終わりまで牽引式火砲を使用し続けなければならなかった。右側後方車体の戦術マークは、機甲化ではなく自動車化を示しているようだ。この機甲擲弾兵連隊の大隊は、この時期は「ゲルマニア」または「ヴェストラント」であった。円形をした白の「流れる」スワスチカの師団マークが、白縁付きの黒の車体番号「2533」の左の盾の中に見える。

ムは優れた設計だったので、一般的にオーバーヒートなどの問題はなかったが、埃の進入という同じくらい重大な問題をもっていた。運用性を向上させるためには、何カ月も費やしたオイルフィルターの開発と改良が必要であった。改良されたフィルターでさえ、頻繁なオイル交換が必要で、エンジンとトランスミッションは北部ヨーロッパよりも早く損耗した。

砂漠の気候と地勢は、転輪、タイヤ、走行装置に極めて苛酷であった。ドイツ軍は停止したときにタイヤへ覆いを掛けたが、これは酷暑がゴムを破裂させるからである。タイヤ圧は行軍中に熱が蓄積されるので、しばしばチェックされた。アフリカの砂漠のほとんどは石灰岩が露出しており、転輪のゴムタイヤと履帯のゴムパッドを破壊し、埃と砂はエアフィルターとすべての可動部品の頻繁な清掃を必要とさせた。

比較的複雑な部品構成であるにもかかわらず、Sd.Kfz.251はもっとも有用な車両であることを証明した。基本車体はいろいろな任務に適用可能で、それらの任務のほとんどを成功裏にこなした。捕獲したSd.Kfz.251による連合軍の経験はいろいろなようだ。アメリカ第3軍のような多くの部隊が装甲兵員輸送車を評価し、多くの部分での、とくに耐久性に関する問題点を発見した。強力なM2／M3ハーフトラックは、アメリカ人の乱暴な運転スタイルに適していた。いっぽう多数のアメリカ、イギリス軍部隊が多数のSd.Kfz.251を捕獲し、それらが壊れるまで喜んで使用している。通常使えない車両は道から押しのけられ、宝探しやゴミさらいが略奪するまで放置されるものだ。その目立つ形状のため捕獲されたドイツ軍装甲兵員輸送車は、通常はっきりした白い星が描かれていた。

戦後のSd.Kfz.251の使用は、戦争終結間際にドイツの占領から解放された地域に限られた。戦後すぐの時期に連合軍車両が、輸送やその他の任務のために保有され続けたドイツ軍車両に取って代わり始めた。生き残った装甲兵員輸送車は、ほとんどのドイツ軍戦術車両の運命と同様に、通常はスクラップとして解体された。

チェコスロバキアはSd.Kfz.251 D型を生産しており、戦後チェコ軍のために生産を続けた。多くの変更が盛り込まれ、最終バージョンのOT－810は、再設計された車体に、ディーゼルエンジン、鋳造鋼製でシングルピン式履帯の改良型走行装置を装備していた。OT－810バージョンはその導入から1960年代初めまで運用された。

Sd.Kfz.251は機甲歩兵部隊のための、有効な不整地戦術車両という概念を証明した。

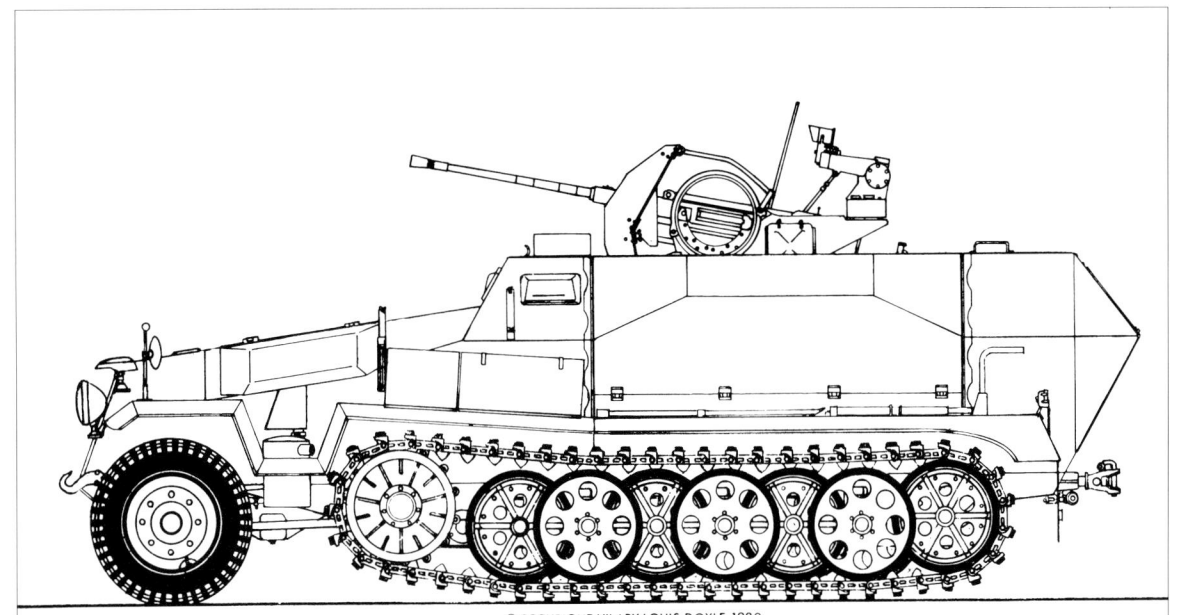

中型装甲兵員車(2Flak)空軍型。
(©H. L. Doyle)

戦車師団の成功によって、連合国はドイツ軍の戦術を採用し、明確に模倣することになった。再興された部隊は、ドイツ軍の戦車および機甲擲弾兵師団と非常に類似した戦術を用いて、ドイツ軍部隊を彼らの本土へ押し戻した。ほとんどの近代軍隊は、戦車と歩兵の協力という基本戦術を、初期のドイツ軍の成功に学んでおり、Sd.Kfz.251はこれらの成功した作戦同様に歴史的地位を占めるに値するのである。

3.7cmFlak搭載sWSの装甲、非装甲バージョンの双方が並んだ興味深い写真。1944年に連合軍に捕獲された車体である。sWSは251より大柄の車体で、重対空火器やロケット発射を搭載するようないくつかの任務を補完することを意図していた。(Steven Zaloga)

## カラー・イラスト解説 The Plates

（カラー・イラストは25-32頁に掲載）

### A1
**Sd.Kfz.251／1 A型、
第1戦車師団第1狙撃連隊第10中隊、1940年フランス**

　全体が「パンツァーグレイ」で仕上げられている、初期の装甲兵員輸送車の典型的な外観を示している。後部車体ドアの上半が、航空識別用に白で塗装されていることに注目。そして柏葉の師団マークとともに第10中隊の戦術マークにも注目。前方機関銃手を防護するために土嚢を使用することは、装甲防盾の導入前には一般的であった。

### A2
**Sd.Kfz.251／6 C型、第9戦車師団本部、1941年ロシア**

　目立つフレームアンテナは、後に「カラスの足」型ロッドアンテナに変更された。前面板の司令部マークと師団マークにも注目。

### A3
**Sd.Kfz.251／3 B型、ドイツ．アフリカ軍団ドイツ空軍「FLIVO＝航空前進員」、1942年リビア**

　背の高い伸縮式ロッドアンテナで識別できるように、本車はアフリカ軍団とその支援を行う空軍部隊との間の通信連絡を行うドイツ空軍の地上管制士官によって使用されたものである。ハーフトラックは全体が1941～42年式のイエローブラウンに塗装され、後部角には白の四角に赤でアフリカの地図を描いた小さなマークが描かれているようだ。

### B1
**Sd.Kfz.251／3 B型、第3戦車師団、1942年ロシア**

　はっきりしたマークはないが、本車は前方機関銃の位置に2.8cm口径縮減式対戦車砲（*）を搭載しているのが興味深い。操縦手席前面の増加装甲板、車体側面の予備履帯用ラックに注目。
（*訳注：2.8cmsPzB41＝41式重対戦銃。ゲルリッヒ理論に基づき砲の口径を砲尾の2.8cmから砲口で2cmに絞り込むことで、弾頭の速度を上げて高い貫徹力を得ている。弾頭重量0.121kg、砲口初速1430m／s、貫徹力は100mで60mm（30度傾斜した装甲板に対して）、500mで40mm、1000mで19mmと大戦初期には十分なものであった。さらに大型の7.5cmPaK41も開発されたが、砲身寿命が短いのと弾頭に希少金属のタングステンを使用するため、その使用は限定的であった。）

### B2
**Sd.Kfz.251／1 C型、第24戦車師団、1942年ロシア前方のM**

　G34は重機関銃マウントに搭載されているようだ。本車はほとんど全面が泥に覆われており、側面雑具箱は縞状に塗られているのがわかる。

### C1
**Sd.Kfz.251／3 B型、第21戦車師団ドイツ．アフリカ軍団、1941年リビア**

　1941年春と初夏はサンドカラーの塗料が不足していたため、「間に合わせ」のカラースキムが見られる。工場で塗装されたグレイ仕上げの上に一部塗装されるか、水で溶かれた砂土さえもが塗られている。本車は無線アンテナとして折り畳み式機関銃架の上部を利用しているのが普通と異なっている。エンジンハウジング側面の小さな白のアフリカ軍団マークに注目。

### C2
**Sd.Kfz.251／6 C型、
「グロースドイチュラント」機甲擲弾兵連隊本部、
1943年ロシア**

　1943年初め以降、ドイツ軍装甲車両は全体がダークイエローの工場塗装仕様で仕上げられるようになった。この装甲兵員輸送車には、「グロースドイチュラント」機甲擲弾兵師団の白のヘルメットと連隊長のロレンツ大佐の指揮車であることを示す白の「01」が描かれ、泥よけには指揮ペナントも翻っている。

### C3
**Sd.Kfz.251／10 C型、部隊不詳、1943年ロシア北部**

　1942～43年冬から先は白のカモフラージュ用塗料の供給は、戦役の最初の冬よりはよりあてにできるものとなった。多くの車両は完全に上塗りされ、国籍あるいは戦術マークを塗り残そうとはされなかったが、これはおそらく敵火器の要員に照準点を与えることになるからであった。この装甲兵員輸送車には、車体名の「バーデン」しか残されていない。

### D
**Sd.Kfz.251 C型、「グロースドイチュラント」師団**

　描き出された車体は中装甲兵員車（Sd.Kfz.251）C型である。これはこのタイプ～ドイツ軍の標準的装甲兵員輸送車～の代表的モデルである。「C」型は1941～43年のもっとも一般的な生産型であった。この車体は前部にMG34機関銃、後部にMG42機関銃を備えている。車体のマーキングは、1942～43年頃の「グロースドイチュラント」師団の251／1 C型を示している。白の「スタールヘルム（スチールヘルメット）」は、ドイツ国防軍の最高の部隊のひとつでありほとんど全期間東部戦線で戦った、この機甲擲弾兵師団の部隊マークである。

### E1
**Sd.Kfz.251／16 C型、第1戦車師団、1943年夏フランス**

　1943年1月から6月の間、本師団はフランスで再装備され、この工場出荷ほやほやで傷ひとつない状態で全体がダークイエローで塗装された、火炎放射型のC型を含めた多数の補充車両を受領した。前面～およびおそらく後面～隅の柏葉の師団マーク

に注目。

### E2
**Sd.Kfz.251／1 C型、**
**第16戦車師団第64機甲擲弾兵連隊、1943～44年ロシア**

戦術マークは別の板にではなくしばしば直接前面板に描かれた。本車は全体が石灰で覆われ、師団の第64機甲擲弾兵連隊第6中隊の戦術マークの上に師団マークが赤で描かれている。

### F1
**Sd.Kfz.251／2 D型、部隊不祥、1944年秋西部戦線**

木々を通して散った太陽光線を再現することを意図したパターンの3色の「アンブッシュ」カラースキムは、ハーフトラックにはあまり見られない。しかしこれは迫撃砲運搬車であり、論理的に半分静止した隠蔽位置で作戦し、兵員輸送車の通常の運用より、より注意深いカモフラージュスキムが必要なことに注目されたい。

### F2
**Sd.Kfz.251／9 D型、第20戦車師団、1944年夏ロシア**

7.5cm榴弾砲搭載型後期型である。本車には戦車の車体番号同様、第8中隊第1小隊4号車を示す車体番号が描かれている。後部車体隅の師団マークに注目。おそらく先端前面板にも同じものが描かれているはずだ。ここでは3色の標準仕様の塗料が、「雲形」パターンで塗装されている。

### F3
**Sd.Kfz.251／7 D型、第2戦車師団第2機甲工兵大隊、1944年フランス**

対照的にここでは同じ3色が、あまりはっきりしない斑点状のパターンに塗装されている。師団の三つ又の紋章と大隊の第3中隊のマークが、前、後および側面に描かれており、側面のものはちょうど操縦手用側面視察スリットのところに見える。国籍マークがないのが注目される。

### G1
**Sd.Kfz.251／1 D型、部隊不祥、1944年春ロシア**

車両の固有名称の「ゲアティ」以外は識別できないが、この251／1 D型は、車体側面に6基の28cmロケットランチャーを装備している。ロケット枠は消耗品でありいくつかの色調が見られる。「雲形」パターンがここでもはっきりわかる。ダークグリーンとブラウンの塗料が配布されており、部隊レベルで希釈して工場仕上げのダークイエローの上に塗装された。

### G2
**Sd.Kfz.251／8 D型救急車、**
**「ヘルマン・ゲーリング」空挺戦車師団、**
**1944年イタリア**

ドイツ空軍の野戦機甲部隊の、特別製の救急車のカラースキムを示している。1944年初めにイタリアのモンテ・カッシノの近くで撮影されたもの。他の車両も野戦でこの目的に改装されている。大きな赤十字の旗が一般的であった。これは塗装されたマークは、しばしば泥や埃ではっきりしなくなり、遠くからでは見えなくなってしまうからである。

### G3
**Sd.Kfz.251／1 D型、部隊不祥、1945年ヨーロッパ**

多くの戦争後期の車両の非常にあっさりした仕上げの典型例である。この装甲兵員輸送車は、アメリカ軍第87歩兵師団が、完全な「走行可能状態」で捕獲したものである。雑具箱の前方ドアの前に、鉄道用積載表示が黒で描かれている。

**裏表紙写真**

Sd.Kfz.251／6中型指揮装甲車。1941年にバルカンで撮影された車両。乗員は戦車兵の制服を着用しているが、第112歩兵師団のインシグニアがつけられているようだ。泥よけにはクライスト戦車集団の「K」のマークが見える。

◎訳者紹介

**山野治夫（やまのはるお）**
1964年東京生まれ。子供の頃からミリタリーミニチュアシリーズとともに人生を歩み、心も体もすっかり戦車ファンとなる。編集プロダクションに勤め、PR誌編集のかたわら、原稿執筆活動にいそしむ。外国の戦車博物館に出向き、資料収集にも熱心に取り組んでいる。

オスプレイ・ミリタリー・シリーズ
世界の戦車イラストレイテッド **28**

**Sd.Kfz.251ハーフトラック**
**1939-1945**

| | |
|---|---|
| 発行日 | 2004年8月9日　初版第1刷 |
| 著者 | ブルース・カルバー |
| 訳者 | 山野治夫 |
| 発行者 | 小川光二 |
| 発行所 | 株式会社大日本絵画<br>〒101-0054 東京都千代田区神田錦町1丁目7番地<br>電話：03-3294-7861　http://www.kaiga.co.jp |
| 編集 | 株式会社アートボックス |
| 装幀・デザイン | 関口八重子 |
| 印刷/製本 | 大日本印刷株式会社 |

Ⓒ1998 Osprey Publishing Limited
Printed in Japan
ISBN4-499-22845-X　C0076

Sd.Kfz 251 Half Track 1939-1945
Bruce Culver

First published in Great Britain in 1998,
by Osprey Publishing Ltd, Elms Court,
Chapel Way, Botley,
Oxford, OX2 9LP. All rights reserved.
Japanese language translation
©2004 Dainippon Kaiga Co.,Ltd.